农民培训农业农村部“十四五”规划教材

动物福利养殖技术丛书

动物集约化福利养殖技术

◎ 王梦芝　丁洛阳　邓卫东　等　编著

中国农业科学技术出版社

图书在版编目（CIP）数据

动物集约化福利养殖技术 / 王梦芝等编著. --北京：中国农业科学技术出版社，2024.5

（动物福利养殖技术丛书 / 王梦芝主编）

ISBN 978-7-5116-5788-6

Ⅰ.①动… Ⅱ.①王… Ⅲ.①动物–饲养管理 Ⅳ.①S815

中国版本图书馆CIP数据核字（2022）第100850号

责任编辑 张诗瑶
责任校对 李向荣
责任印制 姜义伟 王思文

出 版 者 中国农业科学技术出版社
北京市中关村南大街12号 邮编：100081
电 话 （010）82106625（编辑室） （010）82109702（发行部）
（010）82109709（读者服务部）
网 址 https://castp.caas.cn
经 销 者 各地新华书店
印 刷 者 北京建宏印刷有限公司
开 本 170 mm × 240 mm 1/16
印 张 12.5
字 数 238千字
版 次 2024年5月第1版 2024年5月第1次印刷
定 价 58.00元

版权所有 · 侵权必究

《动物集约化福利养殖技术》

编著委员会

主 编 著 王梦芝 扬州大学

丁洛阳 扬州大学

邓卫东 云南农业大学

副主编著 李 闯 江苏三仪生物工程有限公司

代 蓉 新疆农垦科学院

金 迪 中国农业科学技术出版社有限公司

编著人员（按姓氏笔画排序）

王大祥 江苏乾宝牧业有限公司

王嘉盛 扬州大学

张谨莹 扬州大学

陈 宁 新疆农垦科学院

陈培根 扬州大学

黄卫东 扬州大学

ALAN TILBROOK 昆士兰大学

DOMINIQUE BLACHE 西澳大学

前　言

我国是畜牧业大国，但与发达的畜牧业强国相比，我国在养殖技术上还存在一定的差距。从传统散养型放牧到集约化养殖的过渡，极大程度上提高了我国畜牧业的生产水平。近年来，国内外学者逐渐关注到集约化养殖过程中畜禽的福利问题。欧洲和美国等国家和地区针对动物福利进行立法，并应用在饲养、运输、屠宰等环节。集约化福利养殖是我国畜牧业未来发展的趋势。集约化福利养殖受到了越来越多养殖企业及农户的采用，为我国养殖业发展提供了一个良好的模式。为了更好地满足动物的福利养殖需求、提升我国畜牧产品的国际竞争力，养殖人员应树立正确的福利养殖理念，运用科学的饲养方法和有效的疫病防控手段，提高动物的集约化福利养殖状况。

本书共分为 8 章，包括绪论、集约化养殖、动物福利养殖现状、动物心理需求与调控、动物营养需求与调控、动物环境需求与调控、动物的社交行为和动物健康与疫病防控等内容。全面系统地介绍了集约化养殖技术和动物福利养殖的现状与模式，为提高集约化福利养殖状况、推动畜牧养殖产业的健康发展提供理论依据。

注重动物集约化福利养殖技术，其实注重的是如何做好畜禽的饲养管理。本书从我国的集约化福利养殖现状出发，直面我国集约化养殖技术存在的问题，并提供一些实用性建议，有助于畜牧业从业人员系统地了解集约化福利养殖，增强动物福利养殖意识，提高动物生产性能，减少动物疾病发生，提升畜牧产品国际贸易竞争能力，对我国畜牧业发展有一定的参考价值。本书撰写时查阅了大量资料，理论联系实际，通俗易懂，实用性强，可供广大养殖户及科技人员参考和使用。

本书的出版由科技部“乡村产业共性关键技术研发与集成应用”重点专项2021年度部省联动项目（2021YFD1600702）子课题、绵羊遗传改良与健康养殖国家重点实验室重大项目（2021ZD07）、新疆生产建设兵团农业科技创新工程专项（NCG202232）和扬州大学出版基金资助。

由于编著者水平有限，书中难免会存在疏漏与不足之处，请各位专家和读者给予批评和指正。

编著者

2022年2月

目 录

第一章　绪论……1

第一节　动物福利的来源与意义……1

第二节　动物行为与福利……3

第三节　动物生产与动物福利……4

第四节　总结与展望……11

参考文献……12

第二章　集约化养殖……13

第一节　集约化养殖概述及现状……13

第二节　集约化养殖与动物福利……15

第三节　集约化福利养殖需求……16

第四节　养殖粪污处理与动物福利……17

参考文献……19

第三章　动物福利养殖现状……21

第一节　动物福利立法发展……21

第二节　家禽集约化福利养殖现状……23

第三节　猪集约化福利养殖现状……28

第四节　羊集约化福利养殖现状……33

第五节　牛集约化福利养殖现状……36

参考文献……45

第四章　动物心理需求与调控……47

第一节　动物的心理需求……47

第二节　心理福利对动物健康及生产性能的影响……50

第三节　动物异常行为的心理反应……53

第四节　集约化养殖模式下提高动物心理福利的措施……56

第五节　前景与展望……62

参考文献 …… 62

第五章 动物营养需求与调控 …… 69
第一节 动物的营养需要 …… 69
第二节 动物的营养调控技术 …… 70
第三节 反刍动物集约化养殖的营养调控技术 …… 76
第四节 猪集约化养殖的营养调控技术 …… 83
第五节 动物营养调控的展望 …… 90
参考文献 …… 90

第六章 动物环境需求与调控 …… 96
第一节 不同环境因素对动物的影响 …… 96
第二节 环境调控技术 …… 103
第三节 智能化技术与装备 …… 111
第四节 环境调控的问题 …… 113
第五节 环境调控的展望 …… 114
参考文献 …… 115

第七章 动物的社交行为 …… 120
第一节 牛的社交行为 …… 120
第二节 猪的社交行为 …… 130
第三节 绵羊的社交行为 …… 141
参考文献 …… 155

第八章 动物健康与疫病防控 …… 158
第一节 动物健康与疫病概述 …… 158
第二节 畜禽传染病的发生 …… 159
第三节 动物疫病的分类 …… 162
第四节 畜禽传染病的诊断与治疗 …… 164
第五节 动物传染病的综合防控措施 …… 167
第六节 常见的疫病与防控 …… 172
参考文献 …… 187

第一章

绪　论

过去的40年里，一些发达国家和地区已逐渐关注畜牧生产中的动物福利问题。1980年以来，欧洲和美国等国家和地区先后针对动物福利进行立法，并使其适用于畜禽生产、运输和屠宰过程中的各环节。

第一节　动物福利的来源与意义

一、动物福利的提出

随着集约化养殖模式在全世界被普遍应用，动物福利问题逐渐显露，突出的问题表现在必需行为被剥夺、饲养密度高、漏缝地板的使用、环境刺激匮乏、管理不足、畜禽整体健康状况下降、高度机械化和环境污染等方面。在问题出现以前，人们并没有意识到这些问题的严重性及其产生的根源。后来，人们发现这些问题在现有生产工艺的基础上不能得到根本解决，只能在某种程度上得到控制。因为这些问题的根源是畜禽的适应性问题，是畜禽无法适应集约化养殖模式的具体表现。因此，一些学者认为必须纠正不正确的生产工艺，让动物在能够适应的环境中生产，进而提出了“动物福利”的主张。

二、动物福利的含义

动物福利是保证动物康乐的外部条件。动物康乐就是动物“心理愉快”的感受状态，包括无任何疾病、无行为异常、无心理紧张、无压抑和痛苦等。因此，动物福利反映了动物生活环境的客观条件，福利条件的好坏直接影响动物是否康乐。

英国家畜福利委员会对家畜的饲养条件提出了明确的要求，指出必须保证家畜的“五大自由”权利。第一，避免饥渴的自由，即提供适当的清洁饮水以及保持健康和精力所需要的食物；第二，生活舒适的自由，即提供适当的房舍或栖息场所，能够舒适地休息和睡眠；第三，免受疼痛、损伤和疾病的自由，即保证动物不受额外的疼痛，预防疾病，对患病动物给予及时的治疗；第四，免受惊吓和恐惧的自由，即保证避免动物遭受精神痛苦的各种条件和处置；第五，能够表现绝大多数正常行为的自由，即提供足够的空间、适当的设施以及与同类动物伙伴在一起。

三、动物福利的意义

（一）有利于提高动物的生产性能和减少疾病的发生

当前的集约化畜牧业生产方式的负面影响已经逐步呈现出来，一些人认为，违背自然规律、盲目追求最大利润的做法已经影响到了养殖业的健康发展。重视动物的福利有利于提高畜禽的生产性能和减少疾病的发生。给动物提供舒适的环境，让动物充分地表达其必需的行为需求，减少养殖过程中的应激反应，可以降低动物的异常行为和规癖行为的发生率，增强动物的抵抗力和免疫力，加快动物的生长速度，提高饲料利用率，降低死亡率。

（二）有利于保护动物源性食品安全

养殖业为人类提供了丰富的动物源性食品，但人们为食品安全性的担忧也日益增多。近些年发生的“瘦肉精”和“三聚氰胺”等动物性食品安全事件加剧了人们的担忧。这些动物性食品安全事件的发生，归根结底是人们没有重视动物福利，动物未受到相应福利饲养的结果。在饲养过程中任意添加激素类、抗生素类等添加剂，造成了动物产品中药物、毒素的残留问题。此外，饲养、运输、屠宰过程中因应激会产生白肌肉（PSE 肉）和黑干肉（DFD 肉），直接影响了畜产品的品质，严重危害人们的健康。可以说，动物福利从根本上影响着动物性食品的安全和质量。

（三）有利于国际贸易竞争

随着国际贸易的发展和国际交往的日益频繁，许多发达国家已经将动物福利与国际贸易紧密联系在一起，动物福利对国际贸易的影响越来越大。欧盟提出，在进口动物产品之前应将动物福利考虑在内。美国于 2002 年启动了

“人道养殖认证”标签。该标签的作用是向消费者保证，提供畜产品的机构在对待家畜方面符合文雅、公正、人道的标准。世界贸易组织的规则中也有明确的动物福利条款。由此可见，动物福利壁垒作为一种新的贸易壁垒在畜牧业国际贸易领域逐渐形成。在动物的饲养、运输和屠宰过程中的任何一个环节出现问题，都有可能遭遇动物福利壁垒。然而，我国在动物福利方面与发达国家存在着较大的差距，动物福利壁垒已对我国的动物产品出口带来了巨大的影响。因此，我们必须正确面对动物福利壁垒，实行标准化管理，提高动物福利水平，改善动物的生存环境、运输和屠宰方法，制定动物福利标准，加强动物福利立法，与国际的动物福利标准接轨，使我国的动物产品在激烈的国际市场竞争中占据主动地位，打破国际贸易壁垒。

（四）有利于科学研究

现代生命科学离不开动物实验。通过动物实验，可以揭示生命的内在本质，使人类了解生命活动的基本规律，最终为人类服务。但是，人们在利用实验动物进行实验研究时，往往不顾及动物的伤痛，残忍地对待动物。动物长期处于惊恐的环境中，其生理和心理都处于不正常的状态。这样的动物被用于实验中，所得到结果的准确性和有效性将会受到一定程度的影响。因此，应该重视实验动物的福利，改善实验动物的饲养条件，优化动物的实验方案，减少不必要的动物使用数量。重视实验动物的福利不仅可以缓和与极端民间组织反对利用动物进行实验的冲突，而且对规范动物实验、推动科学的发展起到积极的作用。

第二节 动物行为与福利

动物福利是动物行为表达的条件，而动物的行为是用来判断动物福利好坏的手段之一。通过动物行为了解动物的适应性和畜禽品种生存所需要的条件，可以为动物福利学提供客观依据。动物行为表现是检验动物福利条件的最佳方式。同样，动物福利为动物行为科学的实践提供了空间。越来越多的报道表明，动物行为学的新理论、新观点和新方法在畜牧业生产中得到了发展、验证和广泛的应用。

动物行为之所以能够成为判断动物福利状况的指标，主要取决于行为与生理之间的关系，因为动物的许多行为表现与生理变化有关。畜禽生理方面的变化与动物直接感受有直接的关系，特别是在应激状态下，动物的感受是痛苦的。此时的行为变化与动物的生理反应存在直接关系，此时的行为表现可一定程度地代表动物此时的“痛苦”。当然，即使存在着这种关系，当动物感受痛苦时，这种痛苦的生理反应也未必一定能表现出来或被人们观察到。疾病和损伤所导致的痛苦比较容易识别，而动物心理上的痛苦却难以被人们察觉，只有借助行为表现来判断。这就确定了动物行为学在动物福利研究中的重要地位。通过观察动物的行为，可以判断动物的处境和心理状态。比如当某一动物被限制在一个狭小的空间时，动物的一些正常行为不能正常地表达，即使动物没有表现出疾病症状或出现身体受损的情况，动物也会出现异常行为和规癖行为，表明客观条件不能满足动物的心理和生理需求。

在炎热的环境中，动物通常会减少采食量，增加饮水量，改变身体姿势，身体尽量舒展，群体散开，减少活动量，并寻找阴凉的场所。在寒冷环境中，动物的采食量增加，身体蜷缩，互相拥挤，寻找热源，活动量增加。在生产中，家畜的规癖行为主要表现为行走规癖、空嚼或无食咀嚼、卷舌、啃栏、咬尾、啄癖、犬坐、舔毛、静默发情等行为（薛佳俐等，2022）。

动物表达的异常行为和规癖行为是由于环境不适造成的。那么，如何判断哪些行为是异常的？任何动物都有其行为规范，即符合该物种进化或品种选育的行为表现范畴，脱离该范畴的行为可视为异常行为。因此，要想了解动物的行为表现是否异常，需要观察该物种在正常环境下的行为表现。

第三节　动物生产与动物福利

一、饲养过程中的动物福利

随着我国养殖业的快速发展，规模化程度越来越高，在畜禽的饲养管理中片面追求经济效益而忽视动物基本利益的行为越来越多。动物养殖的集约化程度越来越高，限位饲养已是普遍的现象，动物在狭小空间内进行养殖，限制了动物的活动自由。同时，在养殖过程中大量使用抗生素和促生长添加剂，严重影响了畜禽的健康。

（一）家禽的福利状况

影响家禽福利的主要因素有禽舍的建筑与设施、环境条件控制、饲养方式、饲料与营养、运输与屠宰等，这些因素对家禽自身的健康和福利状况产生了不同程度的影响，主要表现在以下几个方面。

1. 饲养密度过大

高密度饲养是家禽集约化养殖的特点，在笼养蛋鸡中表现尤为突出。在20世纪中叶，为了提高生产效率，降低生产成本，蛋鸡生产的饲养规模和密度越来越大，出现了蛋鸡笼养的高度集约化的密集饲养方式。但是，在这样的养殖环境下，蛋鸡的活动空间非常狭小，不能自由地表达各种行为，生存环境差导致了诸多问题，如肉鸡养殖中突出的腿部健康问题和代谢紊乱问题，蛋鸡养殖中突出的有害啄癖问题。饲养密度过大对家禽生产性能也会产生不良影响，一般来说，增加每只蛋鸡的饲养面积会提高产蛋量和体重增加量，并降低死亡率。有研究表明，高密度饲养与低产蛋率、高死亡率有密切关系。增加饲养密度，生产力一般都会下降，争抢啄食的现象也会增多。此外，群体过大还能导致舍内有害气体和微粒数量的增加，会损害家禽的健康和福利状况。

2. 环境不良

由环境不良引发的家禽福利问题主要表现在两个方面。一方面，一些家禽养殖场与其他家禽养殖场或者居民区距离太近，容易造成疾病的传播。另一方面，大部分家禽养殖场内部环境非常差，家禽长期生活在恶劣的环境中，健康得不到保证。这样的养殖场防疫措施跟不上，达不到控制疾病发生的环境要求；舍内的温热环境控制能力差，空气质量差；废弃物得不到有效处理，家禽的自身污染和交叉污染严重，严重损害家禽的健康。

3. 饲喂条件差

在我国农村的小规模分散饲养中，滥饲乱喂是普遍现象，直接影响家禽的福利。主要表现在以下几个方面：一是家禽日粮的营养成分不全，容易造成营养性疾病；二是饲料添加剂的不合理使用造成家禽的健康问题；三是家禽得不到清洁卫生的饮水，特别是水禽的饲养，由于换水不及时，常常被迫饮用被粪便严重污染的水。不良的饲喂条件不仅影响了家禽的健康，而且直接威胁家禽类产品质量和卫生安全。

4. 强制换羽

为了缩短自然换羽的时间，降低蛋鸡自然换羽带来的损失，人们采用强制换羽的方法，使产蛋母鸡尽快进入第二个产蛋周期，延长母鸡的利用年限。但是，强制换羽时采用的停水、停料等措施会增加母鸡死亡率，降低母鸡的抵抗力和免疫力，导致母鸡对疾病的易感性增强。一些动物福利组织认为，强制换羽是一种不人道的做法。在动物福利组织的推动下，欧盟立法禁止为了强制换羽而长时间地停止饲喂，规定必须给动物饲喂卫生安全的日粮，能够保证动物良好的健康状况并满足其营养需要。

5. 断喙

由于集约化养殖的恶劣环境和母鸡遗传上的攻击性，产蛋母鸡经常会发生啄癖行为。为了防止鸡只的相互伤害，普遍采用断喙的措施。但是，断喙给鸡造成较大的痛苦，损害鸡采食饲料的能力。1999 年，欧盟规定禁止所有对母鸡身体造成伤害的行为，断喙作为一种损害动物福利的行为引起了人们的关注。欧盟还规定，如果是为了防止啄癖行为，允许由有资质的人员在母鸡 10 日龄前对其断喙。研究表明，一般的而非攻击性的啄羽行为是可以被转移的，如在笼内悬挂白色或黄色的聚丙烯捆扎带可以明显减少啄羽行为。

（二）猪的福利状况

规模化养猪主要采用舍内圈栏饲养，这种模式多采用限位、拴系、笼架、圈栏以及漏缝地板等设施，饲养密度高、集约化程度较高，易于管理和降低成本，但往往忽略猪的福利。目前，在养猪方面主要存在的福利问题有以下几个方面。

1. 圈栏饲养

猪舍内的主要设备是猪栏，猪栏合理的设计不仅能满足猪正常休息和活动的需要，同时能为经营者创造更高的经济效益。在集约化养猪生产中，妊娠期和哺乳期的母猪均采用限位栏饲养。使用限位栏便于对新生仔猪进行护理和保温，可减少母猪踩压仔猪的危险，降低仔猪发病率；但由于限位栏的狭小空间，母猪始终朝着一个方向，无法自由活动，起卧都受到严格的限制，运动量减少，从而导致母猪分娩时间延长或难产、消化不良，断奶后母猪发情效果差、肌肉萎缩、骨质疏松，母猪肢蹄性疾病增加等。单体限位栏忽视了猪的福利，母猪没有机会表达挖掘、探究和做窝等正常行为，造成母猪的福利水平低下，母猪的利用年限缩短，生产水平下降。

圈栏内除必要的饲养设施外，没有让猪表达其天性行为的设施设备，造成猪的生活环境十分单调，猪喜用吻突摆弄物体、拱土等行为受到限制，而表现出啃栏、犬坐、咬尾、咬耳和拱腹等有害的异常行为。虽然有的养猪场在栏里放一些橡皮球、铁链等物品以满足猪的生理需求，但效果并不理想。

2. 饲养密度过高

过高的饲养密度不仅影响猪舍的环境质量，还导致猪无法按自然天性进行生活和生产，使猪的定点排粪行为发生紊乱，圈舍内卫生条件变差，增加猪与粪尿接触的机会，从而影响猪的生产性能和健康状况。过大的群体还会增加猪的争斗行为，导致身体受伤、体重降低、采食和饮水减少。

3. 地板设计不合理

现在多数规模化猪场都采用全部或局部漏缝地板，可避免猪体与粪便的接触，减轻人工劳动强度。然而，水泥漏缝地板表面凉、滑，常导致猪摔倒。金属漏缝地板会导致母猪乳头受损，蹄部及肘部损伤。睡在混凝土或漏缝地板上的猪会在臀部和肩部产生压痛感，使母猪哺乳时频繁地改变体位，增加了母猪压死仔猪的机会。

4. 环境不良

猪舍环境条件应满足猪对温度、湿度、光照、通风换气的要求。猪舍内环境调控措施不当，不能满足猪对环境条件的需求，如舍内小气候环境稳定性差、夏季高温高湿、冬季低温高湿、饲养密度高、通风不良、空气污浊等，严重影响猪的生产力和抗病力，降低饲料利用率，猪的异常行为增多，导致各种疾病的发生。

现在猪场以自然通风为主，达不到净化舍内空气的目的，尤其是在北方地区的寒冷季节，为了猪舍保温而不能进行有效的通风换气，舍内 NH_3、H_2S 等有害气体及微粒含量严重超标，相对湿度大，造成猪舍环境恶化。猪长期生活在高浓度的有害气体环境中，采食量降低，对疾病的抵抗力降低，生产力下降，产生慢性中毒。高浓度的 H_2S 可以抑制呼吸中枢，引起窒息，导致死亡。高湿的环境易导致皮肤疾病的发生。微粒可与皮脂腺、汗腺分泌物及微生物等混合在一起，引起皮肤发炎、发痒，阻塞皮脂腺和汗腺导管，致使皮脂缺乏，皮肤变干、龟裂，造成皮肤感染。此外，病原微生物附着在微粒上使疾病很快蔓延。

5. 剪牙、断尾和去势

为了防止仔猪损害母猪的乳头和相互咬伤，锋利的犬牙都要被剪短。在剪牙时应该剪掉犬齿的尖锐部位，避免牙破裂，但在实际生产中，饲养人员往往是从牙根部把牙剪掉，导致牙齿破裂，牙龈暴露，发生牙髓炎和牙龈炎，降低仔猪的竞争能力。欧盟新的法规要求猪的犬牙应被磨平或锉平而不是被剪掉。

在集约化养殖模式下，采用群养生长育肥猪时，常发生咬尾现象。为了减少咬尾现象的发生，猪场人员常常采用断尾的方式预防咬尾造成的自残现象。一般来说，猪在丰富的环境下，咬尾现象很少发生。例如，给猪提供能拱土的机会或者提供充足的杂草垫料，则很少表现出咬尾行为。

去势会引起仔猪的应激反应，造成仔猪术部发炎和伤口感染。部分猪场仔猪去势的时间为 10 ～ 15 日龄，施行者通常操作粗暴。欧盟关于猪福利的新法规规定，去势应该避免仔猪痛苦，并且必须在仔猪 7 日龄前由有经验的兽医使用合适的麻醉药条件下进行。

6. 早期断奶

传统养猪业一般仔猪在 8 ～ 9 周龄时断奶，而且母猪也只有等到合适的时机才重新配种。母猪可以延长哺乳间隔时间，减少每日哺乳次数，所以断奶是逐渐的过程，断奶的生理应激反应较小。而在规模化养猪模式下，仔猪一般在 3 ～ 4 周龄时断奶，而且在人工断奶时突然中断了母乳供给，断奶的生理应激反应大。尤其是在 3 周龄前进行断奶，仔猪还不适应吃固态的饲料，天然免疫系统发育不完善，仔猪抗病力差，应激反应更为严重。

（三）牛的福利状况

集约化养牛生产在较大程度上提高了生产效益，但很少注意到牛的福利状况。把牛长期饲养在有损健康、紧张乏味的生存环境中，对牛的福利会产生不良影响，主要表现为疾病的增多、身体损伤加剧、异常行为增多等。其主要影响因素为饲养管理方式和环境福利等。

1. 饲养管理方式

牛的饲养管理主要有两种形式，一种是放牧，另一种是舍饲。在放牧生产系统中，牛的大部分时间是在草地上度过的，只是在寒冷季节才转入舍饲越冬。放牧形式比较符合牛的生理习性，福利问题不突出。而舍饲的福利问题则较多。舍饲方式大致有两种，一种是定位拴系饲养，另一种是舍内散放。拴系饲养的问题尤其严重。一牛一床采用颈枷拴住牛，限制了牛的活动，大多数必需的行为被剥夺，牛的健康受到威胁。

牛栏狭窄使奶牛休息时间减少，腐蹄病的发病率上升。当奶牛处于不舒适的牛圈或狭窄的牛栏时，躺卧时间和蹄损伤之间存在着明显的负相关，躺卧时间越短，蹄受损率越高。奶牛的乳腺炎发病率与运动场的脏污程度密切相关，乳腺炎发病率与有无卧栏及卧栏类型有关。

集约化奶牛生产中，漏缝地板已广泛应用。漏缝地板多为水泥材料或金属材料制成，对奶牛的肢蹄影响严重，导致肢蹄病发病率升高。尤其是拴系式饲养奶牛舍内混凝土地面造成奶牛的贫血率高于软地面。奶牛倾向于躺卧在柔软的垫料上，柔软的垫料可以减轻肩关节皮肤的磨损和疼痛。柔软干燥的地面有利于奶牛的肢蹄健康，过硬的地面容易造成肢蹄损伤，泥泞的地面容易引起腐蹄病。

2. 环境福利

奶牛采食和产奶的最适温度是 18 ～ 20℃。夏季高温时，如果奶牛处于高温高湿环境的牛舍中，机体多方面会受到影响。随着温度的升高，奶牛的产奶量及采食量都会不同程度地降低。目前，很多奶牛养殖场的牛舍存在一个普遍问题就是防暑降温效果差。在热应激情况下，生长奶牛性腺发育不全，成年母牛卵子生成和发育受阻，使受精率下降；热应激会造成奶牛配种后在胚胎着床期的胚胎吸收、流产等现象；另外，热应激会导致机体免疫力下降。有的养殖场建在主要交通干道的两侧，车流多，噪声大，严重干扰奶牛的休息和睡眠。此外，场内的机械噪声、管理人员的走动及其他干扰等都会对奶牛健康产生影响。尤其是突然的噪声还会使奶牛受惊，引起不必要的损伤。当长期处于严重的噪声环境中时，奶牛会表现出惊恐、焦躁不安等情绪。因此，养殖区应给奶牛提供一个相对安静的环境。

二、运装过程中的动物福利

养殖的畜禽达到一定的条件时，就会被运送到屠宰场。对于动物来说，运输是一个非常痛苦的过程。运输过程中使用的车辆状况、畜禽的密集程度等不能满足畜禽的生活需要。此外，运输过程中的颠簸、噪声以及陌生的同伴等都对动物的心理和生理产生很大的影响，尤其是长途运输。最常见的运输方式是公路运输，还有铁路、水路和航空运输等几种方式。

（一）抓捕、装卸过程中的动物福利

在肉鸡的生长后期，抓捕、装卸与运输是主要的、涉及多因素的、强应激的生产管理事件。禁食、禁水会使鸡产生强烈的应激反应。在抓鸡的时候，会使鸡变得异常恐惧。在装入笼子的时候，有的鸡一条腿被反转压在鸡堆里。抓捕队伍为了尽快完成任务，他们通常忽略对鸡的伤害，结果导致鸡的擦伤、脱臼、骨折、内出血等。其他动物的抓捕也同样存在着被虐待的问题。

装载是动物在运输中应激反应最大的阶段。据报道，在装载时动物血浆中皮质醇水平达到最高峰。装载转群时的粗暴操作会加剧应激反应。混合装载会进一步加剧动物的应激反应。与非混合运输的猪相比，混合运输的猪会增加活动和打斗，导致其血浆皮质醇水平升高。

（二）运输过程中的动物福利

运输关系着动物健康、幸福感、生产性能指标，并最终影响畜禽产品品

质。国外在生猪运输中非常重视动物福利，提倡为猪创造一个和谐舒适的运输环境。在运输过程中，动物的福利问题主要与应激反应相关。如果运输车辆环境恶劣、卫生差，则在运输过程中产生的 NH_3、H_2S 等有害气体会对动物产生刺激，浓度过高会损坏动物呼吸道黏膜，使动物抗病力下降，引发呼吸系统疾病。再加上运输途中冷热温差、南北气候差异等生活环境的改变，容易使动物染病或者产生应激反应综合征。此外，在运输过程中，微生物（如病毒、细菌等）滋生、感染，蚊虫叮咬等会严重危害动物健康，直接影响畜禽产品品质安全。

长途运输本身就会使动物产生强烈的应激反应，加之车本身条件较差，运输路况不好、密度过大、拥挤、通风不良、温度过高等会导致动物大量掉膘、死亡，在炎热的夏季和寒冷的冬季表现尤为突出。研究报道，生猪运输距离 250 km，掉膘 4.3 kg，如果在夏季可达 5.3 kg。而很多时候，生猪的运输距离都在 1 000 km 以上，后果则更加严重（夏怡等，2022）。

《国际运输中保护动物的欧洲公约》中大型动物运输的一般规定如下。在运输过程中，有特殊的规定除外，保证动物有充足的空间站立甚至躺下；运输方式和容器能够保护动物，使其免受严酷天气的折磨；标注所适用的气候条件和垂直方向；空间和通风条件应当适合于所运送的动物品种的特性需要，动物的装载不影响容器的通风；设立显示活的动物已经转载的标志；容易清洁；容器的建造应考虑不让动物逃走以确保动物的安全；便于检查和照顾动物；在运输和处理过程中，容器保持垂直位置，并不得摇晃或者震动。在运输过程中，应当在合理的间隔为动物提供饮食；动物无膳食和饮水的情况一般不能超过 24 h。在运输途中生病或者受伤的动物，应当尽可能快地得到兽医的照管，在必要的情况下，为了使这些动物免遭不必要的痛苦，可以在途中采取屠宰措施。

三、屠宰过程中的动物福利

动物屠宰福利是动物福利中一个重要组成部分。在屠宰过程中，如果不注重动物福利，会在很大程度上造成动物的应激反应和身体上的伤害，进而影响肉质。屠宰开始前，动物在屠宰场依然要面临福利问题。运到屠宰场的动物有时候需要等待很长时间才能被卸载和屠宰，如果等待时间过长，极度的饥饿、恐惧等会加剧转运过程的应激反应。而且，由于动物个体间的互不相识，极易产生争斗，加剧动物的应激反应，导致身体受损而影响胴体品质。畜禽在运输时，由于受到多种因素的影响，容易产生过度紧张而引起疲劳，破坏正常的生理机能，使肌肉组织内的毛细血管充满血液。因此，动物卸载后立即屠宰将严重影响肉产品质量。最好保证动物有 2 ~ 3 h 的休息时间，使动物从运输应激中得到恢复。野蛮卸载在生猪屠宰过程中比较常见，轻则拳打脚踢，重则棍棒相加，这进一步加剧动物的应激反应，影响肉品质（郜丽萍，2021）。

活体宰杀是传统的屠宰方法，许多国家不提倡这种做法，认为违反动物福利，是极其不人道的宰杀行为。为保证动物福利，通常在屠宰前将动物击晕，电击晕是常用的方法。但是，电击不足则达不到麻痹感觉神经的目的，使应激反应加剧。通常电流强度不够或者电击时间短易造成电击不足。电击不足就屠宰的生猪在放血时不仅因剧烈嚎叫挣扎而增加放血的难度，而且会增加生产车间的噪声，影响工作人员健康。此外，有些人受利益驱使，在屠宰过程中对动物强行灌服大量的水使肉中水分增加来牟取暴利。更有甚者，肉品生产企业用锤子击晕肉牛后迅速打开胸腔，趁心脏还在跳动，利用水泵注水到牛的毛细血管，并使其胀裂。这种虐待动物的极端行为，一方面使动物承受了巨大痛苦，另一方面也极大地降低了肉产品的质量。

第四节　总结与展望

人类与动物息息相关，动物是人类的朋友，动物除没有与人类相通的语言外，同样具有感觉、情感等。因此，动物作为一种有感觉的生命存在，其天性需要得到人类的尊重和承认。随着社会的发展进步和人类文明程度的提高，人类对自然资源、环境资源的认识和利用方式也在发生改变。对动物进行生理保护，即不肆意残害动物，维持其生命存在发展到福利保护，根据其生理需求给予动物应享有的权利。当前广为普及的集约化畜牧业生产方式和工业化生产方式的负面影响已经逐步呈现出来，越来越多的人认为，违背自然规律，盲目追求最大利润的做法已经影响到了畜牧业的可持续发展。保证动物福利，给予动物好的生存环境，减少养殖期间各种应激反应，减少用药率，减少淘汰率，给予动物平等的生命权是人类社会发展进步的表现，对动物福利的重视同样是与国际社会倡议的自然、环境与人类社会协调发展的目标相一致。关注动物福利是保障人类生产要素的效率最大化，是保障人类投入回报率的最大化，最终也是保障人类自身福利（张洪伟等，2022）。

参考文献

康祎梅，姜冰，2021. 动物福利科学的发展历程回顾 [J]. 乳品与人类（6）：16–20.

郃丽萍，2021. 规模化猪场改善母猪动物福利的探讨 [J]. 黑龙江动物繁殖（6），29–33.

夏怡，张恩权，2022. 圈养野生动物的行为管理与展示 [J]. 特种经济动植物，25（1）：37–40.

薛佳俐，杨曙明，2022. 基于 AHP 法的育肥猪养殖福利水平评价指标体系构建及权重确定 [J]. 农产品质量与安全（1）：90–96.

张洪伟，姜春明，王亚男，等，2022. 貉饲养过程中营养、环境和卫生的福利要求 [J]. 特种经济动植物，25（1）：34–36.

第二章
集约化养殖

第一节　集约化养殖概述及现状

一、集约化养殖概述

集约化的“集”就是指集中，集合人力、物力、财力、管理等生产要素，进行统一配置；集约化的“约”是指在集中、统一配置生产要素的过程中，以节俭、约束、高效为价值取向，从而达到降低成本、高效管理，进而使企业集中核心力量，获得可持续竞争的优势。和传统养殖的散养方式相比，集约化养殖从环境控制、饲料营养、饲料转化率、遗传育种、生产效率、标准化生产、经营管理、规模效益、疫病防治等方面都具有无可比拟的优势。

根据《畜禽规模养殖污染防治条例》第四十三条规定：畜禽养殖场、养殖小区的具体规模标准由省级人民政府确定，并报国务院环境保护主管部门和国务院农牧主管部门备案。

《福建省畜禽养殖场、养殖小区备案管理办法》（闽政办〔2014〕98 号）中规定了畜禽养殖场、养殖小区备案的条件，规定如下。

畜禽规模养殖场：猪存栏 250 头以上；奶牛存栏 100 头以上：蛋鸡存栏 10 000 只以上；蛋鸭存栏 2 000 只以上；兔存栏 2 000 只以上；肉鸡年出栏 50 000 只以上；肉鸭年出栏 2 000 只以上；鹅年出栏 2 000 只以上；肉牛年出栏 100 头以上；羊年出栏 500 只以上。

畜禽规模养殖小区：猪存栏 2 500 头以上；奶牛存栏 100 头以上：蛋鸡存栏 50 000 只以上；蛋鸭存栏 10 000 只以上；兔存栏 10 000 只以上；肉鸡年出栏 50 000 只以上；肉鸭年出栏 5 000 只以上；鹅年出栏 10 000 只以上；肉牛年出栏 200 头以上；羊年出栏 2 000 只以上。

二、集约化养殖现状

随着经济的发展，人民生活水平得到了提高，人民对畜产品的需求已成为食品需求的主要方面。养殖业的集约化经营大大丰富了产品市场，提高了人们的生活水平，实现了畜禽养殖综合效益的明显提高，与此同时，畜禽养殖业集约化程度的提高也推进了农业、农村产业结构的调整，最大限度地实现了农村剩余劳动力的就地安置，为推动农民增收起到了显著作用，推动了新农村的发展和建设。同时，集约化养殖条件下动物的福利得不到保证，则会影响动物及动物产品的质量。

我国生猪出栏量在500头以上的猪场占比逐年增加，2019年已达到52.00%。在2020年，存栏量在1 ~ 49头的猪场所占比例为18%；存栏量在50 ~ 499头的猪场所占比例为28%，500 ~ 10 000头存栏量的猪场所占比例为32%；存栏量在10 000头以上的猪场所占比例为22%（陈来华等，2021）。集约化猪场生猪养殖如图2–1所示。

图2–1 集约化生猪养殖

我国肉羊的生产模式仍然以散养的模式为主，规模化程度不断提高（图2–2）。从2014年到2018年，我国存栏在500只以下的肉羊养殖场占比由87.1%逐渐降至84.5%；500只以上的养殖场由12.9%升至15.5%，其中规模在1000只以上的养殖场逐渐由6.5%升高至9.6%。规模化养殖场所占比例虽然不断增加，但进展缓慢（肖海峰等，2021）。

图 2-2　集约化肉羊养殖

第二节　集约化养殖与动物福利

随着集约化养殖模式的应用，人们在追求生产效率的同时开始注意到动物福利，成熟完整的动物福利生产模式，不但可以满足动物的基本行为需求，而且适合集约化的生产效率。

动物福利是指让动物适应其所处环境，满足其基本自然需求。如果动物健康、感觉舒适、营养充足、安全、能够自由表达天性，并且不受痛苦、恐惧，无压力威胁，则满足动物福利的要求。按照现在国际上通认的说法，动物福利被普遍理解为“五大自由”：享有不受饥渴的自由；享有生活舒适的自由；享有不受痛苦、伤害和疾病的自由；享有生活无恐惧和无悲伤的自由；享有表达天性的自由。

注重动物福利不仅是我国畜牧业可持续发展的必然趋势，更重要的是关系到人类生存的大问题。我们既要广泛宣传介绍动物福利的基本知识，又要积极开展有关我国动物福利的立法，并逐步在生产实际中加以应用，更要对那些虐待和迫害动物以及采用违法方式生产动物产品的行为进行揭露和惩罚，保证我国畜牧业持续、健康、安全、快速地发展。

动物福利问题的出现是社会进步的表现，体现了人与动物的和谐相处。

我国畜牧业的集约化养殖已经到了需要我们思考的瓶颈时期。只有保证动物的健康，充分重视并积极落实动物福利问题，我国才能充分发挥劳动力资源丰富的优势，从而具备强大的国际市场竞争力，也才能够从容应对国际动物福利壁垒，实现我国畜牧业的可持续性发展。动物福利是一个系统工程，必须从饲养生产过程、运输过程、屠宰过程、国家立法等方面综合考虑动物的福利并加以实施。只有这样才能推动畜牧业的长久发展与进步，为集约化养殖带来更大的经济效益。

第三节　集约化福利养殖需求

动物福利的基本原则是保证动物康乐。从理论上讲，动物康乐的标准是对动物需求的满足。动物需求分为三个方面，即维持生命需要、维持健康需要及维持舒适需要。在实践中，生产管理者往往只重视前两个条件，而忽视第三个条件。动物福利不仅包括动物的营养满足，还包括动物生存的环境条件、人与动物的情感联系等。集约化养殖动物福利的需求主要包括畜舍环境、饲料安全、疾病预防、日常管理、人工育种、运输及屠宰等方面的福利。

近年来，健康养殖、生态养殖、工业化养殖和福利养殖等关键词已经在业界广为流传，并成为国人关注的热点。究其原因，主要是人们经常可以听到或见到畜禽业发生灾情，如暴发人兽共患禽流感、链球菌病等严重疫病，有的已经直接危及人类生命安全，致使广大消费者对频发的食品安全问题表现出越来越多的担忧，并引起业内专家、各级政府和国际社会的高度重视。大量研究表明，如果养殖动物的生存环境得不到基本保障，如饲养密度过高、动物活动受限、养殖环境日益恶化等，则会造成动物机体抵抗力下降，为疫病的流行和传播创造条件。

动物集约化福利养殖是指在集约化养殖条件下，首先要保障养殖动物的基本生存条件，进而要求尽量提高养殖动物的福利水平，从而保证养殖对象的持续健康，最终达到向市场提供优质、安全食品的要求。因此，为了达到环境友好、优质高效的生产目标，就必须构建一种养殖环境高度可控、动物福利条件优越的高端养殖系统或模式，方可不断提高养殖水平。目前，我国现行的养殖方式大多数停留在开放式生产水平，养殖设施落后，水资源浪费严重，废水未经处理直接排放，内外环境难以控制，动物福利无法保障，因而导致病害频发，产量、质量、效益以及食品安全的信誉度下降，严重制约着我国养殖业的可持续发展。摆在我们面前的是理念与技术的挑战。

集约化养殖简而言之就是将散养放牧动物集中在一起饲养，通过人工饲喂，节约空间与饲养成本。因为新型冠状病毒肺炎（简称新冠）疫情冲击，2020 年全世界每天有 8.21 亿人在挨饿，将有 2.5 亿人遭受严重饥饿，比 2019 年多出 1.3 亿人，世界饥荒人口数量巨大。蛋白质是动物饲料中最昂贵的成分，为了在生命早期获得良好的生长率，猪和家禽开始采用高蛋白日粮（如 23% 的粗蛋白质），但随着它们达到屠宰年龄，这一比例可以降低。饲喂高蛋白饲料的缺点之一是一些蛋白质来源的氮通过肠道而未被利用。酶技术的新发展将使蛋白质在高蛋白日粮中得到更好的利用。至少可以通过两种方法来提高蛋白质的利用：第一，通过在饲料中添加包被重组酶；第二，饲喂已经含有蛋白酶的转基因植物饲料。决定这些发展是否发生的驱动力将是蛋白质饲料的价格和供应。动物性蛋白质来源（如鱼粉）的可用性不断下降，再加上控制粪肥中氮对环境影响的压力，这些都突出了更好地利用廉价蛋白质来源的必要性。另外，大型肉类和畜牧业公司控制并拥有行业的很大一部分，他们的态度和业务结构有助于决定行业其他部分的行为，他们的行为正受到公众对大企业和现代技术态度的影响。

家畜在驯化条件下面临的最大挑战之一是如何应对人类的存在。对牛、羊和猪的研究表明，当野生动物被关在封闭条件下，但动物与饲养员的互动更多时，它们会变得不那么恐惧和紧张，总体上更健康。使用生产性能和行为措施测试了集约化养殖系统（饲养场）中人类相互作用的习惯是否会提高牧场山羊的福利，比较牧场山羊的生产和行为反应受到高度的人际互动或较低程度的人工交互，这些研究发现，当受到不同人的饲喂时，高互动组的山羊会表现出更平静的行为，更适应驯化环境。行为是一个个体的福利及其对环境适应最重要的早期指标之一，反映了动物与环境之间相互作用的即时反应。改善牲畜福利的战略需要对动物行为进行客观衡量，以便对福利影响进行比较。这些措施需要是通用的、相关的、可靠的、相对经济的，并且需要得到所有利益相关者的广泛理解和接受。

第四节　养殖粪污处理与动物福利

集约化养殖会给每个养殖场带来大量的粪污，其处理也是集约化养殖场的难题之一。畜禽粪污若得不到有效处理，不仅对环境造成严重的污染，而且也对动物健康造成极大的危害。粪污处理的有效性直接与动物的福利养殖紧密关联，直接影响着畜禽的饲养环境。而在动物的福利养殖过程中，饲养环境是保证动物健康成长的前提。因此，集约化养殖的粪污处理也是福利养殖的一个基本指标。

一、集约化养殖污染现状

畜禽集约化养殖在扩大养殖户经济效益的同时，也给当地的生态环境带来了严重的污染。由于集约化畜禽养殖逐渐从农区、牧区转移到城镇郊区，从而造成农牧脱节。禽畜粪便不能及时施用于农田，粪便堆积引发环境污染；而农业上不得不使用化肥来代替有机肥，造成恶性循环。养殖过程中滥用抗生素、激素、金属微量元素的现象普遍存在，这些药物残留可通过食物链富集，对人体造成严重损害。

1. 水体污染

集约化禽畜养殖场排出的粪便和污水中含有大量的污染物质，污染物质主要包括未利用的有机物、氮磷元素以及重金属元素等。粪便中大量的碳水化合物及含氮化合物会被微生物分解为氮磷等元素，其在大量消耗水体中溶解氧（DO）的同时会被厌氧分解为腐败有机物质，从而导致水质恶化。畜禽对氮磷元素不能有效地利用，大量的氮磷会随着粪便排入水体中。水体中的氮磷元素含量如果超过一定阈值就会引起水体富营养化，从而导致藻类的大量繁殖，引发一系列生态问题，严重威胁生态系统平衡。

2. 土壤污染

养殖场粪便和污水在对水体污染的同时，也对土壤造成了严重的污染。当污染水体流经地表河流时，大量氮磷渗入土壤中，造成土壤的营养积累。同时，污染水体中的微量元素也会随地表河流渗入土壤，导致土壤质地和微生物结构被破坏，从而影响作物产量和养分含量。此外，土壤富集的元素还可通过食物链再次富集，直接威胁畜禽健康和人类的安全。

3. 空气污染

在畜禽养殖过程中如果不能及时清理粪便，粪便中的碳水化合物和蛋白质就容易发酵分解，产生大量的 NH_3、H_2S、挥发性有机酸及粪臭素等有恶臭的有害气体，这些气体不仅容易引发畜禽呼吸道疾病和其他疾病，还会影响养殖户及养殖场周围居民的健康。生物污染畜禽粪便及污水中含有大量病原微生物和寄生虫虫卵，粪便及污水一旦随便堆放或处理不当，极易造成畜禽传染病和寄生虫病的蔓延，甚至引起人兽共患病。

二、集约化畜禽养殖污染的解决方法

1. 合理布局

优化畜禽养殖场的设计方案，合理选址，科学布局。避开城市集中饮用水源地、人口稠密区及环境敏感区域。控制养殖规模，控制单位面积的畜禽数量，保证畜禽数量与当地环境的自净能力相适应。同时，养殖场建造时要设置隔离带或者绿化带，保证养殖场周围的安全和生活环境质量。在建立规模化养殖场时，要遵循与环境保护措施相适应的设计、施工和投入使用制度。

2. 合理喂食

要精确计算饲料营养价值，使之能够匹配畜禽的营养需求。合理配制饲料，按照不同阶段和目的及时调整配比，从而降低养分的过度供给和畜禽的排泄量。加快环保型饲料和生物饲料的研发及应用。环保型饲料是通过添加生物活性物质和合成氨基酸来降低畜禽氮和磷的排泄量，生物饲料是普通饲料经有益的微生物发酵制成的优质饲料。此外，还可通过降低饲料中抗营养因子的量，在提高饲料养分利用率的同时降低氮和磷的排出量。

3. 合理处理粪便

目前养殖场对粪便的处理方法主要有肥料化、饲料化、能源化三个方法。肥料化又分为三个方式，土地还原法、腐熟堆肥法以及生物处理法。这三种方法在改良土壤、提高农业产量方面均起着重要的作用。粪便的饲料化是将粪便中未消化的蛋白质、B 族维生素、矿物质元素、粗脂肪以及碳水化合物经过加工处理再次成为饲料的技术，是粪便综合利用的重要途径。粪便的能源化是将粪便中的能量转化成可燃气体或者直接焚烧粪便来获得能量，实现了物质与能量多层次循环利用。

参考文献

白献晓，马强，2007. 畜禽养殖场环境污染的现状与治理技术 [J]. 兽医导刊（8）：7–10.

陈来华，李娟，王亚辉，等，2021. 我国生猪行业的动态变化及 2021 年展望分析 [J]. 中国食物与营养，27（8）：5–9.

董雪松，2019. 集约化畜禽养殖污染的现状及解决方法 [J]. 畜牧兽医科技信息（8）：36.

覃玥，田文勇，吴秀敏，等，2017. 我国猪肉价格波动与生猪出栏量动态关联分析 [J]. 黑龙江畜牧兽医（4）：14–17.

肖海峰，康海琪，张俊华，等，2021. 2021 年上半年肉羊生产形势分析及后市展望 [J]. 中国畜牧业（15）：37.

周祖华，2005. 畜禽养殖污染现状及防治措施 [J]. 动物科学与动物医学（9）：58–59.

PUGLIESE M，BIONDI V，PASSANTINO A，et al.，2021. Welfare assessment in intensive and semi–intensive dairy cattle management system in Sicily[J]. Animal Science Journal，92（1）：e13546.

TIEZZI F，TOMASSONE L，MANCIN G，et al.，2019. The assessment of housing conditions，management，animal–based measure of dairy goats' welfare and its association with productive and reproductive traits[J]. Animals（Basel），9（11）：893.

第三章
动物福利养殖现状

第一节　动物福利立法发展

一、动物福利立法的起源与发展

自 1822 年，英国国会通过马丁提出的《禁止虐待家畜法案》以来，在西欧各国保护动物理念的提出已有近 200 年的历史。到 20 世纪 80 年代，欧盟、美国、加拿大、澳大利亚等发达国家和地区及亚洲的一些国家和地区，先后进行了动物福利方面的立法，各种动物保护协会也纷纷建立起来。目前，世界上已有 100 多个国家建立了完善的动物福利法规，世界贸易组织（WTO）的规则中也写入了动物福利的条款（李柱，2012）。对于保护家畜不受虐待的立法，最早可以追溯到 19 世纪。残酷虐待动物法律的定义是将伤害与刻意形成的痛苦强加在非人类的动物身上（莽萍，2003）。

欧盟是动物福利的积极倡导者，制定了保护动物福利的相对完善的法律法规，并有专门的机构负责监督及执行。英国是最早制定《动物福利法》的国家，欧盟的其他成员国大都是以该法为基础，结合本国的实际情况制定符合自身的《动物福利法》。此后，欧盟各国还制定了许多专门的法律，对保护动物福利的各个方面进行了详细、明确的规定。迄今为止，欧盟关于动物福利的具体法规和标准已有几十项，涉及动物的饲养、运输、屠宰、实验等多个方面。德国还将保障动物作为生命存在的权利写入宪法，这是世界上第一个将动物权利写入宪法的国家。在各国政府加强立法的同时，一些民间动物保护组织，也在为保护动物发挥着重要的作用。国际爱护动物基金会（IFAW）、英国防止虐待动物协会（RSPCA）、世界动物保护协会（WSPA）、美国防止虐待动物协会（ASPCA）等众多的民间组织都在为提高动物福利进行着不懈的努力（李柱，2012）。

1865 年，美国人亨利・博格创建了世界上第一个动物保护组织——美国防虐待动物协会（ASPCA），也是世界上第一个关注动物福利的组织，该组织的成立极大地推动了美国动物福利立法的进程。1866 年 4 月 19 日，纽约州立法局颁布了世界上第一部动物福利法——《防止虐待动物法》，该法禁止残酷对待所有动物，其最大特点是对保护范围做出了延展，范围扩大到所有动物，即野生动物和家养动物。此外，该法案还对动物福利范围做出了延展，法案中详尽罗列了各种虐待动物的行为以及应受到的处罚，使美国在动物福利立法上取得了飞跃发展。这部法律拉开了美国禁止虐待动物的序幕，其他各州纷纷效仿。随后，ASPCA 被纽约州立法局授予了执法权，执行这部《防止虐待动物法》。1958 年，美国通过了《联邦人道屠宰法案》，首次对动物的屠宰做出了规定和要求。人们必须以一种人道的方式对动物进行宰杀，务必将动物的痛苦降低到最小。牲畜在处于无意识状态后，人们才可对其进行捆绑、吊起和宰杀。当时的这部法案并不包括鸟类及家禽（肖星星，2015）。

英国在动物福利方面做了大量工作，并得到较好的效果，目前欧盟和美洲、大洋洲等很多国家和地区制定的动物伦理法案等相关规定都是在英国的法规基础上加以制定的。例如，1986 年，英国制定了《动物科学方案法令》，并以此为核心制定了十多条法案，加以制约。在英国，甚至于必须由国务大臣签发批准证才能进行动物实验。同时，英国还成立了相应的监督机构和英国皇家反虐待动物协会，对不必要的重复、科学价值不大或已有不使用活体动物代替方法的动物实验予以限制。而英国的动物学和微生物学家通过大量的调查研究提出了科学、合理、人道地使用实验动物的理论。该理论的核心便是大家所熟悉的“3R”原则，即减少（Reduce）每次实验中所需要的动物数量；优化（Refine）现有的实验，以减少动物所受到的痛苦和伤害；使用其他的手段来取代（Replace）动物实验。目前，美国的动物管理与使用委员会已普遍要求研究者遵从“3R”原则。同时，美国芝加哥的伦理化研究国际基金会还在“3R”的基础上提出了“4R”原则，增加了 Responsibility（责任）作为第四个原则，要求人们在生物学实验中增强伦理观念，呼吁实验者对人类和动物都要有责任感（杨葳等，2008）。

二、现代动物保护的起源

动物福利的目的就是人类在兼顾利用动物的同时改善动物的生存状况。提升动物福利的标准让消费者满意。目前，动物福利已经成为食品安全领域不可分割的重要组成部分，而将动物保护纳入国际贸易规则中，这已成为国际贸易保护主义发展的一种新趋势（麦文伟，2012）。

现代动物保护运动深受亨利·斯派影响，他具有民权和其他社会正义事业的背景，是一个特别有影响力的活动家、教师和作家（伍佰鑫，2017）。20世纪末期，欧美发达国家和地区针对不同的农场动物，依据不同的动物福利指标，建立了多种动物福利评价体系，主要分为四大类，一是动物需求指数评价体系，如TGI-35体系、TGI-200体系；二是基于临床观察及生产指标的因素分析评价体系；三是畜禽舍饲基础设施及系统评价体系；四是危害分析与关键控制点评价体系（孙忠超，2015）。

我国动物福利的进程要逊于国外，处于滞后状态。我国于20世纪80年代后才逐渐增加了对动物的关注。1989年我国出台第一部有关野生动物的法案，随后又陆续出台了各种相关的法规和办法。在实验动物上，也出台了《实验动物管理条例》《实验动物质量管理办法》《实验动物许可证管理方法（试行）》等法规，不同程度地提倡动物福利与动物伦理，并逐步加强对实验动物管理的政策法规和技术标准基本配套。目前，有相关学科专业的大学和医疗系统部分基本上添加了动物伦理委员会和实行实验动物的审批。然而，相比于国外，我国在此方面还有很多不足之处，在意识和立法等方面仍存有很多值得思考和改善的地方。例如，我国现行相关的动物福利法律法规在实际意义上仍缺乏可操作性，对动物的法律地位明确程度不够清晰，从事相关动物实验的人员培训并未完全普及，实验动物伦理审查自身及重视程度仍存在不足等问题（杨青，2011）。

第二节 家禽集约化福利养殖现状

一、肉鸡集约化养殖在动物福利方面的问题

20世纪90年代以来肉鸡饲养基地主要分布在经济欠发达地区，特别是广大农村，大部分采取“公司+农户”经营模式，农户肉鸡饲养大部分采用塑料大棚或简易砖瓦构筑的简易鸡舍。从建筑质量上讲，无论是塑料大棚还是简易砖瓦结构鸡舍，冬季保温、夏季防暑性能都比较差，基本上都采用人工养殖方式。

1. 高密度养殖

为了降低成本，增加了养殖密度。然而，随着鸡的生长，它们的生存空间被压缩。在肉鸡生命期的最后2～3周，它们需要增强呼吸来保持正常体

温。同时，拥挤脏乱的环境还会导致氨指数的提升和氨水肿发病率的增高，夏季中暑的可能性也会大大提高。

2. 连续性光照

许多小型养殖场使用持续光照刺激鸡增加采食量，使生长率达到最大，但会使肉鸡产生腹水综合征等代谢性疾病。

3. 鸡舍通风不良

肉鸡 3 周龄以后采食和饮水量加大，排便量增加，同时个体也增大，鸡舍如只能采用自然通风，新鲜空气得不到及时、有效补充，粉尘和有毒有害气体开始在舍内大量聚集，NH_3 浓度增大，湿度升高，舍内环境质量下降。此时鸡群体质免疫力下降，继发疾病的可能性加大。

二、肉鸡集约化福利养殖的对策和措施

1. 饲养场房的设计规划

饲养场选址需要充分考虑地形地势、水源、防疫及周边环境。概括地讲，要为肉鸡养殖提供清洁的空气和水源，创造舒适的生存空间，减少疾病产生和传播。生产区、生活区、无害化处理区要合理区分，改变“人鸡同住”模式。鸡舍的建设充分考虑肉鸡生存所需的最佳环境，鸡舍通风、保温、环境监测与控制等逐步达到自动化、标准化。

2. 养殖过程中的管理饲养方式及密度

目前我国肉鸡主要饲养方式为地面或网上平养、笼养。平养较笼养肉鸡活动空间大。欧盟颁布的《屠宰用鸡最低保护要求》规定，肉鸡的最大养殖密度为 33 kg/m^2，如果符合更为严格的动物福利标准，如安装通风系统、配备供暖或降温设施，同时需向主管部门报备后，这一数字可以提高至 39 kg/m^2。如果在一段时间能一直符合很高的福利标准，养殖密度可再增加 3 kg/m^2。这要根据死亡率和良好的管理规范确定。

3. 光照控制

持续高强度光照会引起动物烦躁、亢奋，并影响动物的生长发育，发病率升高。弱光使动物镇静，反应迟缓，繁殖率降低，动物体质下降。《屠宰用鸡最低保护要求》规定，肉鸡置于鸡舍中 7 d 至屠宰前 3 d，照明应遵循 24 h 一循环的规律，包括每天至少 6 h 的黑暗期，至少有 1 次连续 4 h 的黑暗期。在有光线照明期间，所有鸡舍至少 80% 的可用空间，在肉鸡眼睛水平位置的光照度不得低于 20 lx。

4. 温湿度控制

鸡的生理状态决定了温度需要，随着日龄的增大，抵抗外界环境不良因素的能力增大，舍内温度慢慢降低，达到最适温度。肉鸡适宜温度的范围参考如下。1 ~ 2 日龄为 34 ~ 35℃，3 ~ 7 日龄为 32 ~ 34℃，8 ~ 14 日龄为 30 ~ 32℃，15 ~ 21 日龄为 27 ~ 30℃，22 ~ 28 日龄为 24 ~ 27℃，29 ~ 35 日龄为 21 ~ 24℃，35 日龄至出栏维持在 21℃左右。鸡舍避免产生高温高湿或低温高湿现象，鸡舍相对湿度保持在 50% ~ 70%。

5. 通风管理

通风不但改善舍内的空气质量还能降温除湿，给鸡舍营造良好的生活环境。标准化鸡舍配备自动通风系统，可及时排出 CO_2、NH_3 等有害气体，要求测量鸡头部 NH_3 浓度不得超过 20 mg/L，CO_2 浓度不得超过 3 000 mg/L。

6. 噪声管理

肉鸡易受惊吓而产生应激反应，尽量减少噪声影响，舍内设备的安装、运行应减少噪声的产生，为鸡提供安静舒适的生活空间。

7. 饲养人员管理

需要对饲养人员进行动物福利方面的培训，了解动物福利方面专业知识（吴中海，2015）。种鸡舍饲养员一般为每舍 2 人，负责所有的工作如饲喂、清粪、消毒等。每天进舍次数大多数不进行限制。

8. 肉鸡饲养管理

不同生产系统下肉种鸡饲养密度具有较大差异，各养殖场种鸡淘汰日龄不同，最短的 60 周龄，最长的 69 周龄，大多均在 65 周龄淘汰。淘汰体重均为 4 kg 左右。日粮组成以玉米、豆粕为主，有碎粒料、粉料、颗粒料 3 种类型，几乎所有的饲料中都添加酶制剂，部分添加有抗生素和益生菌。

9. 畜禽运输管理

一般种雏鸡是由销售公司负责运输到饲养场的，关注较多的是夏季通风和冬季保暖的情况，而对运输密度、畜禽在运输车上的位置和状况也应加以关注（耿爱莲，2009）。

10. 鸡舍建设管理

鸡舍建筑除在南方地区采用竹木结构、半敞开式外，我国北方各地均采用砖混结构、全封闭式有窗的房舍，而且饲喂、饮水大多达到全自动化或半自动化。

11. 鸡舍保温管理

禽舍冬季加热方式主要有热风炉、锅炉暖气供暖和火墙供暖三种形式。

这几种方式各有优缺点。热风炉供热均匀，加热快，温度高，但容易造成鸡舍内干燥，采用时需注意保持舍内较高湿度；采用锅炉暖气供热均匀，但成本较高；而采用火墙供暖成本相对较低，同时供热均匀，温度也比较适中。通风降温方面，除南方鸡场采用自然通风和排风扇（采用半敞开式结构）外，大多采用纵向通风和湿帘装置。地面大多采用水泥地板，在“两高一低”饲养方式中铺设有垫料，垫料原料为稻壳或刨花。

三、蛋鸡集约化养殖在动物福利方面的问题

1. 传统养殖模式与鸡蛋品质

在传统的蛋鸡养殖模式中缺少专业人员和专业的指导，对蛋鸡的疫病防控不重视，技术能力不足，检测设备比较少，缺乏科学饲养方法。因此，我国蛋鸡养殖业中疫病频发，既给养殖户造成了严重的经济损失，也降低了鸡蛋的品质，不利于鸡蛋的销售和我国蛋鸡养殖业的发展。

2. 饲料安全

我国当前蛋鸡养殖模式中饲料的安全不能够得到很好的保障，饲料是蛋鸡养殖的重要物质基础和保障，饲料的安全直接决定着蛋鸡是否能够健康生长，决定着蛋鸡的养殖效益。当前我国蛋鸡饲料在生产和配比过程中缺乏科学合理的指导，在饲料添加剂的使用方面也不够科学，当前蛋鸡养殖存在抗病能力比较弱、产蛋率低、蛋质量比较差等问题（李伟萍，2018）。

3. 养殖户权利得不到保障，信息来源单一且不及时，技术水平差

养殖户对各种信息的了解不及时，渠道单一，导致信息不对称问题严重，制约了养殖户在各方面的收入。养殖户对几乎所有信息的了解来源于亲戚、朋友。养殖户的观念有待改进。养殖户的观望心态、依赖心理比较严重。长期以来小农经济条件形成的“小安即富”传统思想仍在养殖户的生产意识中占主要地位，同时多数养殖户对市场比较陌生，不能估计市场需求变化，得不到及时可靠的市场信息，又渴望找到致富之路，容易随波逐流。另外，养殖户素质不高，思想素质、心理素质、科学文化素质、经济意识和创新意识都不高，主动性不强，遇事后一般采取求助的方式，很少自己了解、自己解决，事情解决后往往抛之脑后，不过问，也不学习，养殖户这种态度对养殖技术的推广、疾病的防控等方面产生了消极影响，从根本上制约蛋鸡养殖业的发展（罗云辉等，2015）。

4. 产区布局不合理

养殖规模化和建设标准化程度与当地的环境承受力不太符合，饲养工艺、设备相对比较落后，尤其是一些规模小的企业。

5. 环保压力大

国家对畜禽污染治理方面出台了条例和规范，如果按照国家出台的条例去做，饲养成本会大大增加，一些小型养殖企业根本无法承受此等高成本的投入。

6. 生物安全体系不健全

由于从业人员专业化水平低，对疫病防控方面认知不足，导致疫病在养殖场频繁发生。有些养殖场存在乱扔病死鸡的现象，这也会给疫病的传播带来更大的便利（王庆瑞，2021）。

四、蛋鸡集约化福利养殖的对策和措施

1. 大力发展标准化规模养殖

要因地制宜、科学规划、合理布局，建设蛋鸡标准化示范场、示范区，逐步普及自动喂料、自动饮水、自动清粪、湿帘降温、封闭管理、全进全出的精细化蛋鸡饲养管理模式。切实抓好防疫设施建设，做好排泄物、废弃物和病死鸡的无害化处理，从根本上解决养殖业污染问题，逐步实现蛋鸡养殖生态效益、社会效益和经济效益统一，加快推进全市蛋鸡标准化规模养殖水平（图 3–1）。

图 3–1　蛋鸡集约化福利养殖

2. 提高产品质量，加大品牌建设

在产品质量控制方面，要加强监管力度，达到备案条件的养殖场全部备案，备案养殖场全部建立养殖档案并规范化填写和管理，对产品建立追溯机制。大力宣传正确使用兽药、饲料添加剂的方法，从而提高鸡蛋质量安全整体水平。

3. 加大政策资金扶持力度

要切实加大政策扶持力度，认真落实各项扶持政策，为发展蛋鸡产业规模养殖创造宽松、良好的外部环境。在加大财政资金投入的同时，要将农业开发、扶贫等资金向畜牧业倾斜，重点扶持规模养殖发展。要积极协调金融机构支持农民发展规模养殖，增加贷款数量，延长贷款期限，实行贷款贴息，切实解决养殖户资金投入不足的问题。

4. 建立健全蛋鸡生产监测预警机制

及时准确收集、整理养殖户生产和市场消费数据，加快健全蛋鸡生产和市场监测信息网络体系，加强对蛋鸡产业趋势、供求变化和成本效益的监测预警，适时发布市场供求、价格情况和供货消息（靳会珍，2014）。

5. 更新蛋鸡养殖设备

蛋鸡传统笼养实现了自动化喂料、饮水、集蛋、清粪与环境控制等，大大降低了养殖成本，提高了生产效率。笼养模式给养殖者带来了巨大的经济效益，使得笼养模式进一步向自动化、规模化、集约化的方向发展，从原有的阶梯式笼养逐步向层叠式笼养转变，且层叠模式以 4 层、6 层和 8 层为主。

6. 调整蛋鸡养殖密度

饲养密度直接影响蛋鸡的活动空间，间接影响舍内环境、蛋鸡的生产性能及生理行为等。饲养密度过低可有效保证动物福利，但会导致生产成本增加。饲养密度过高容易导致家禽健康水平下降，易感染各种疾病，并导致鸡舍内 NH_3、H_2S 等有害气体以及 CO_2 浓度、粉尘浓度大大提高，蛋鸡生产性能下降（谢守前等，2018）。

第三节　猪集约化福利养殖现状

发达国家和一些发展中国家的大多数牲畜都是在集约化生产系统中饲养的，猪是最重要的粮食生产动物之一，在世界范围内，猪肉约占肉类总产量的 35%（李秀菊，2020）。集约化养猪的优点是提高生物和经济生产力，同时对单头猪的人工劳动、资源和空间投入少。

一、生猪集约化养殖在动物福利方面的问题

1. 饲料及药物使用存在误区

养殖户普遍倾向于选择能加快生猪生长的饲料，认为只要能保证猪肉长得快的饲料即为好饲料。为了提高疾病预防效率，常为生猪频繁使用各种抗生素及合成药物，极易导致猪肉品质降低。在对人类健康造成危害的同时，导致养殖场生态环境遭到破坏。此外，养殖场内饲料常因贮存不当而出现变质问题，生猪在误食了变质饲料后常出现群体发病情况，在影响猪健康的同时还容易导致养殖成本增加。

2. 养殖环境恶劣

一方面，相当一部分养殖场对环境净化及消毒工作有所忽视，导致养殖场内潮湿脏乱，滋生大量蚊虫，在很大程度上提高了猪群交叉感染发病的概率。另一方面，养殖户不重视对养殖场外部环境保护工作，不断向外部环境排放大量污水及粪便，如果这些污染物没有得到有效处理，会在很大程度上破坏周围环境，进而反作用于猪群，导致其各种疫病的发生。

3. 引种不科学

引种工作是生猪养殖中的一项重要工作。由于受到繁殖速度的影响，种猪很难实现自我繁殖。一旦引种环节出现问题，极易导致生猪品种出现巨大差异，使生猪后期的顺利生长受到影响。不规范引种还会对生猪养殖安全性造成影响，部分养殖户在引种过程中，为了节省时间直接将生猪检疫环节省去，导致一些病菌没有被及时发现，极易造成全群患病。

4. 基础建设不科学

猪场选址及布置直接决定着猪舍环境能否实现有效控制，但是相当一部分养殖场存在着不合理的舍区分布问题。例如，没有彻底分离员工生活区及生产区，导致外来原生致病菌常被工作人员携带进入猪舍内，进而引发猪群患病。由于猪舍内缺乏良好的通风条件，导致各种疫病发生概率明显升高。猪场建设密度过大导致疾病防控及隔离受到影响。

5. 养殖户缺乏防疫意识

大多数生猪养殖户为农村中老年农民，很少有年轻人从事这项工作，导致我国养殖户普遍文化程度较低，缺乏科学的养殖知识，在生猪养殖过程中防疫意识不足，对防疫工作配合度较低，疫苗接种工作无法得到有效落实。此外，因防疫意识不足，养殖户很少将资金投入防疫工作上，导致养殖场内

养殖环境恶劣，条件简陋，这些都在很大程度上阻碍着防疫工作顺利开展（李海蓉，2021）。

二、生猪集约化福利养殖的对策和措施

公众对猪集约化养殖体系只是片面了解，因此可以在管理上进行改革，在生产过程中提高透明度，让更多的人了解猪集约化养殖体系（图 3–2），让更多的人了解集约化养殖的优点，以增强公众的信心。

图 3–2 生猪集约化福利养殖

1. 提高生物安全

集约化养殖的成年猪在肉质上有很高的品质，但也可能出现生物安全问题。首先要有生物安全相关的灵敏嗅觉，及时查出问题，并进行优化。集约化养殖主要的生物安全问题是疾病传染，造成猪被传染，更有甚者，如果是人兽共患病，还会危及相关人员健康；没有处理好猪排泄物，造成周围环境污染，使病毒、细菌增殖或变异，造成疾病传播，出现猪健康问题。因此，一定要杜绝传染源，管理者或巡查者进入舍前一定要对人员和相关物品进行清消，避免传染源流出或带入，引起疾病传播。要对猪用品、猪舍进行定期消毒，从根源上杜绝疾病的产生。

2. 疫苗接种

虽然养猪用的是集约化养殖体系，但一定要在仔猪时期进行疫苗接种，确保养殖前期猪的健康，没有传染病，这样后期集约化养殖出栏的猪肉品质才有保证，才能体现出集约化养殖体系带来的经济增长和口碑。

3. 营养均衡化

猪集约化养殖体系是保证肉品质的方法，但也需要营养均衡，这样才能在产量和质量上达到双赢。因此，需要优秀、有经验的配方师，准确无误地根据猪品种、季节、周围环境等配制出合适的日粮，保证猪营养均衡，不至于过度追求某一方面的品质。例如，为追求瘦肉率只加豆粕等原料，使其他方面营养不良，违背猪集约化养殖的初衷（李秀菊，2020）。

4. 合理选址建场

猪场的规划建址要符合相关规定要求。选择地址要保证交通便利、地势高燥、便于排水和便于组织防疫工作等。场内要合理布局，在上风向或侧风向设猪场生产区。在下风向设病死猪处理区，安置污水处理设施。污道、净道分开，互不交叉，减少被污染的概率。猪场周边，建有绿化隔离带，设置防疫沟。同时，选择地址的周边 3 km 应无大型化工厂、肉革加工厂、屠宰场等，减少被污染的可能。

5. 搞好场内污水处理

常规的污水处理方法是沉淀、过滤和消毒，而采用“雨污分离”等手段可以减少污染物的排放量，降低污水处理成本。应用人工湿地技术也可以解决这一矛盾。由于大中型集约化养殖场污水排放量大，经过沉淀、酸化水解等一级处理后，出水中化学需氧量（COD）和悬浮物（SS）含量仍然较高，尚需进行二级处理方可达到排放标准，成本相对较高。但是，如果有一定面积的农田来消化吸收污水，也可以利用灌溉系统将污水稀释施入农田的简单方法，既可降低恶臭，又满足土壤、植物的营养需求，减少污水的污染。

6. 控制猪场外环境

一是推进生态建设，植树绿化、抓生态环保改善场内小气候。增加猪场地面绿化面积，每幢猪舍之间应栽种速生、高大的落叶树，场内的空地种花草，在场区外围种 5 ~ 10 m 宽的防风林。二是定期清洁消毒养猪场所。对猪舍之间的道路、猪场大门出入口、员工宿舍、饲料车间等周围环境定期进行清洗消毒，杜绝生猪感染的可能性。

7. 综合利用粪污

粪污为重要的传染源，有效利用粪污有以下几种方法。一是利用沼气法。通过沼气发酵，杀灭粪水中的病原微生物。二是土地净化法。一般规定，养存栏猪 30 头需要 1 hm^2 土地消化粪肥。虽然粪便还田是传统合理的一种方法，但应先用药物处理达到国标规定值后再将粪便还田。三是堆积发酵法。

将干湿分离后的干粪堆积，自然发酵后用作肥料，具有产物营养全面、无害化等优点。堆积发酵法是一种集处理和资源再利用于一体的生物方法，堆积处理过程中，可杀死大部分病原微生物及寄生虫卵，也可除去臭气。

8. 规范生猪生产工艺

严格标准猪场准入制度，坚持“全进全出”生产工艺，地方动物防疫监督机构严格审查本地规模生猪养殖场，确保技术、防疫、资金、人员等配置到位，对符合标准要求的猪群，可继续办场生产，坚决取缔违法搭建猪场。严格猪舍管理，合理控制温湿度，根据生猪发育要求，调控生猪养殖环境。

9. 生猪养殖专业化，场内禁止饲喂家禽

注意猪场环境消毒，几种消毒药剂交替用药。改善舍内通风，降低舍内有害气体含量，营造清洁卫生干燥的养殖环境。场内配置专门废弃物存储设备，避免污物溢流污染水土，减少恶臭气体对周边养殖环境的影响。

确保喂料营养化，选择自配的无公害生猪料。或者购买符合无公害标准要求的生猪料，如浓缩料、添加剂预混料等。规范使用兽药，搞好疫苗接种工作，减少兽药药物残留，控制兽药残留在标准范围内（郝福星等，2017）。

10. 分群管理

为了保证保育猪的质量，提升生猪的产量，可以采用分群技术和定点调教技术进行管理。一般情况下，可以在原有的猪窝上进行分群管理，采用一栏一窝的手法进行分群。如果原有的猪窝上不能分群的话，可以将 25 头猪作为一栏进行分群保育。分群时间也是值得注意的，通常情况下是在猪断奶的 7 d 之后开始分群。为了保证仔猪的成活率，在分群的时候需要尤为注意仔猪的反应。在分群之前，需要观察猪的性格、体形。采用求同存异的方式进行分群。如果差异较大，则会影响猪圈的和谐。特别是体形相对小或者体质相对较弱的猪需要单独饲养，随时观察猪的身体变化，出现问题必须马上解决。分群之后，一定会出现仔猪斗殴的情况，如果发现猪的身上有撕咬伤口，需要马上进行消毒，安抚好猪的情绪。同时，饲养员需要帮助猪熟悉新环境，对于饮水、排泄和休息的地方，在猪有一定的熟悉程度后，进行定点调教，此举有利于猪舍环境保持干净和卫生。保证猪能够在今后的成长过程中迅速生长（肖艾香，2022）。

第四节 羊集约化福利养殖现状

一、肉羊集约化养殖在动物福利方面的问题

1. 品种较差

养殖人员一般会采用自繁自养的方法进行肉羊养殖。肉羊繁育过程中存在繁殖机制不健全的现象，导致肉羊品种不纯，使产出羊肉品质下降，肉质口感不佳，导致羊肉滞销，饲养经济效益下降，阻碍养殖业的发展。

2. 防疫意识不足

肉羊一旦出现传染病会导致羊群大量患病甚至死亡，影响羊肉产量。因此，为了保证肉羊质量，需要养殖人员加强肉羊防疫意识。但现在有一部分养殖人员由于思想水平较低、观念老旧等问题不重视肉羊防疫工作。养殖人员通常认为，只要对羊舍进行定时清洁，让羊舍保证整洁卫生就能防止传染病的发生。但事实并不是这样，一般羊的传染病是通过其粪便感染的，当传染病来临时，如果不能及时采取防疫措施，疫病会在羊群中快速蔓延，疫情扩散范围增大，造成大量的经济损失，影响养殖业的发展。

3. 饲养环境差

在进行肉羊饲养过程中，首先要保证羊群生活环境的卫生，这是保证肉羊质量的基本条件。但当前养殖人员一般会采用散养方式进行养殖，这样不利于养殖人员对羊群粪便的清理，这是导致饲养过程中卫生环境差的主要因素。此外，一些饲养人员不重视对羊舍消毒，还有一些养殖人员只对羊舍进行消毒，在进出羊舍过程中不对自身进行消毒，这样会将外界病菌带到羊舍中，影响肉羊健康，造成肉羊患病现象（高国伟，2021）。

4. 常见疫病流行，防疫处置不当

养殖管理过程中，新引进的肉羊可能给本地羊群带来不同疾病，造成新老疫病频发。感染疫病的羔羊存活率不足 70%。疫病影响羊群繁殖，染疫羊群在放牧、配种、流转等过程中与其他羊群、牧场和水源接触导致疫病扩散。

5. 场区建设不合理，防疫基础条件欠缺

养殖场和居民区之间需要保持安全距离。如果距离管理执行不到位，养殖区域内的消毒设施又相对匮乏，羊场饲养空间有限、通风光照不足，都会

增加羊群患上消化系统疾病及呼吸道疾病的概率。肉羊需要定期进行药浴，注射羊快疫-猝狙-羔羊痢疾-肠毒血症-黑疫-肉毒梭菌（C型）中毒症-破伤风七联干粉灭活疫苗。但部分养殖场条件不足，难以达到这一目标（王崇强，2022）。

6. 养殖人员防疫意识薄弱

对从事肉羊产业的人员，有许多是当地的农民或转业人员，其专业知识很欠缺，对以预防为主的疫病防控原则认识不足，在疫情发生时无法及时正确判断，因此造成了采取措施不到位、疫情不断蔓延的后果（靳刚，2020）。

二、肉羊集约化福利养殖的对策和措施

1. 合理的选址，规范的布局

肉羊养殖场最好选择在地势高、采光充足、排水良好，距离主干道 1 km 以上的地方，肉羊生产和生活的地方要分开隔离，而且必须建立消毒室、兽医室等这些相关的场所。饲养员必须保证每天至少清理粪便杂物一次，并且每周都用 2% 氢氧化钠消毒。对病死羊要在县级动物防疫监督站的监督下，进行无害化处置（图 3-3）。

图 3-3　肉羊集约化福利养殖

2. 建立规章制度，安排日常消毒工作

只有让消毒成为日常化工作，才能有效预防疫病的发生，无规律的消毒或消毒不到位很可能造成相反的效果，所以应当建立羊场消毒制度，具体规定羊场的日常卫生、环境、人员等。羊场消毒记录应详细记录消毒液的名称、

含量等，消毒用药使用碱性消毒药、表面活性剂类、铵盐类消毒剂，每月交替使用。

3. 主动预防，规范免疫程序

首先，建立羊场疫苗使用管理制度。疫苗一般应当从固定的场所进行领取，自购的疫苗要做好登记，不得私自购入而不记录。疫苗购入后，做好保管措施，需要冷藏的应当冷藏保存。其次，制定合理的免疫程序，免疫程序应当因地制宜，不同地区有不同的疫病流行状况和不同的生产管理水平。因此要根据自身条件，设定相应的免疫程序。

4. 合理分群

肉羊饲养过程中应进行合理分群，根据肉羊的不同品种、性别、年龄等进行分群，特别要注意的是母羊需要根据怀孕阶段进行分群，包括空怀母羊、怀孕母羊及哺乳母羊。在饲养过程中及时对羊群的生长情况进行鉴定，挑选出长势弱、患病等个体采取淘汰处理，以保证羊群的整体性，提高养殖生产水平。

5. 定期驱虫

坚持定期驱虫。通常肉羊的驱虫时间是每年的 3 月、6 月、9 月和 12 月，分别进行一次全群驱虫，根据区域内寄生虫的流行特点合理选择驱虫药物。如果是引进的羊群，需要进行驱虫处理后才能混群饲养。同时，需要注意交替使用驱虫药物，避免寄生虫出现耐药性。

驱虫方法如下。伊维菌素皮下注射 0.02 mL，或者交替使用丙硫苯咪唑与虫克星。使用阿维菌素剂时要考虑其多样性及形态，准确选择片剂或散剂，并且保证质量合格，药效稳定可持续 28 d。在预防体内寄生虫时需间隔 7 ~ 10 d 进行二次给药（施夏夏，2021）。

6. 强化管理，加强监督，做好疫病检测与净化

首先，规范引种，加强检疫。各养殖场在引入新种羊之前，必须向相关机构报备，引种场地必须具备相关资质，而且对引入羊应有齐全的检疫证明。其次，要保证日常检测，及时净化，对经检测有问题的羊要及时隔离，及时治理，防止疫病蔓延。

7. 培训与科技推广

利用养殖人员集中培训进行专业授课，通过图文并茂的授课和临床分析提高养殖人员知识水平和疫病防控意识。

8. 粪污与废弃物处理

粪便杂物每天清理 1 次，运到粪场堆积发酵 1 个月。养殖过程中产生的污水经无害化处理，与堆积发酵粪便一同还田。羊舍之间定期用2%氢氧化钠消毒，羊舍周围及场内污染地、排粪坑、下水道口，每月用2%氢氧化钠消毒1次（马扬，2016）。

9. 肉羊养殖过程中的饲料配比

添加适量的秸秆颗粒饲料，不仅可以发挥出秸秆资源在运输以及饲喂等方面的优势，还能够实现对秸秆的有效利用。将秸秆集中收集之后，通过风干或人工干燥的方法，将秸秆的含水量降至15%，然后利用粉草机粉碎之后进行筛选。同时，将粉碎的秸秆与精饲料、预混饲料进行混合，再利用制粒机将饲料急性压制，并注意保存，避免因长时间存放或保存不当出现饲料变质问题，影响肉羊产品的安全质量。

10. 肉羊全混合日粮的配比

将粗饲料、精饲料及其他多种饲料添加剂混合并充分拌匀之后，形成全混合日粮，可进行直接饲喂，不仅能够为机体提供充足的营养物质，还可以保障机体内的营养均衡。传统的饲养方式容易造成营养不均衡和不稳定的现象，对肉羊健康不利，还有可能给养殖场造成资源浪费。应结合饲料资源的实际情况，采用全混合日粮配比，避免浪费的情况，进而提升肉羊养殖场的管理水平和经济效益（岳碧娥，2021）。

第五节　牛集约化福利养殖现状

一、肉牛集约化养殖在动物福利方面的问题

1. 重视程度较低，缺乏竞争力

小规模肉牛养殖的养殖户在观念上只是把肉牛养殖作为一种副业，养殖的经济收益并不是家庭经济收入的主要部分。因此，养殖户在养殖的过程中重视程度不够高，经济投入很小。特别是在农村的小规模肉牛养殖中，养殖户的经济投入基本只有购牛款，养殖户缺乏疫病防控的观念，肉牛食用的饲料往往为农业的秸秆、杂草等，饲料的资金投入基本为零。这种小规模的肉牛养殖基本不具备市场竞争力，在市场上，可以说养殖户为“鱼肉”，而收购商为“刀俎”。

2. 小规模肉牛养殖的经济收益较低

小规模肉牛养殖的经济收益比较低，这是由养殖的规模、养殖的效率和

养殖的质量综合决定的。小规模肉牛养殖的经济风险大，一旦暴发疫病往往会导致养殖户血本无归。

3. 养殖者的养殖能力较低

大多数从事小规模肉牛养殖的养殖户综合素质较低，养殖户的养殖能力比较低。在养殖的过程中，不注重对疫病的防控，不具备认识治疗牛病的一般方法，缺乏科学高效的管理模式。

4. 缺乏资金和技术支持，发展迟缓

小规模肉牛养殖的一个重要的问题是资金匮乏、技术落后。特别是在偏远的地区，经济、技术十分落后，小规模的肉牛养殖经济收益很低，往往会出现缺乏销路、被打压价格的现象。

二、肉牛集约化福利养殖的对策和措施

（一）地方政府加大扶持，加强规模化养殖

地方政府加大对小规模肉牛养殖的扶持力度，为养殖户提供资金支持和技术支持等。帮助养殖户完善养殖管理模式，培养养殖户的科学养殖方法。地方政府利用政府的优质资源一心一意为人民服务，为养殖户提供销路，提供优惠政策吸引外资等。集中对小规模肉牛养殖户进行培训，使之树立正确的养殖意识，掌握科学的养殖方法，提高养殖肉牛的综合素质。加大对落后地区进行科学畜牧养殖的宣传力度，培养一批优秀的畜牧养殖人才，对落后地区的养殖户进行定向的扶持和帮助。

（二）改良品种，集约化养殖，提高肉质

重视对品种的改良工作。在小规模肉牛养殖户建立合作共赢的基础上，充分利用政府的扶持，实现肉牛品种的升级。同时，优化提升小规模养殖场的管理模式。小规模肉牛养殖的养殖户间应该加强彼此的合作，交流优质的种牛、先进的养殖方法、养殖经验等。通过合作，逐渐扩大肉牛养殖的规模，提高肉牛养殖技术，提高肉牛养殖质量，最终实现共同富裕（鲁兴周，2016）。

（三）调控肉牛养殖畜舍条件

1. 饲养环境对肉牛福利的影响

不适的温度和湿度及不良的空气环境会抑制肉牛健康生长，降低饲料转

化率。高温、高湿环境极易造成肉牛热应激反应，当温湿度指数超过正常范围时，肉牛就会出现热应激反应，进而影响肉牛的生长、免疫及繁殖性能。通过在畜舍安装风机喷雾系统等降温设备，可有效缓解肉牛热应激反应。如果条件允许，对肉牛采取头部局部降温措施，缓解应激反应效果更好。

牛舍中有害气体的浓度对肉牛福利也有较大的影响。如牛舍中 NH_3 浓度过高会导致肉牛生长性能、免疫功能以及抗氧化功能下降，诱发炎症反应，造成慢性肝功能障碍，因此需要加强牛舍内通风换气，及时清理粪便和更换垫料，为肉牛提供舒适的环境，改善肉牛的环境福利，促进肉牛生长（图 3-4）。

图 3-4　肉牛集约化福利养殖

2. 饲料与饮水对肉牛福利的影响

按照饲养标准合理搭配日粮，加强营养管理可帮助肉牛维持健康的瘤胃环境，更有利于肉牛生长。但为了增加肌间脂肪的积累，养殖者通常给肉牛饲喂高谷物日粮，长期饲喂高精粮，可导致肉牛瘤胃中有机酸蓄积，瘤胃 pH 值下降，并逐渐降低后期挥发性脂肪酸（VFA）总产量，使肉牛处于亚急性瘤胃酸中毒状态，进而损害肉牛的健康，增加肉牛的痛苦，降低福利水平。

肉牛的饲养管理中，在保证饮水充足的基础上，饲喂粗精合理搭配的日粮，同时冬季供应温水、夏季供应凉水来缓解冷热应激反应的管理措施，可以显著改善肉牛的养殖福利，提高养殖效益。

3. 饲养管理对肉牛福利的影响

（1）饲养密度。饲养密度是影响畜禽福利水平的重要因素，高密度饲养是诱导肉牛争斗的一个主要原因。大量研究表示，随着饲养密度的降低，肉牛站立时间和脏污指数均降低，福利水平有所上升，生长性能也有一定的提高。普遍认为 3.6 m^2/ 头的饲养密度对促进肉牛生长并提高其福利水平及经济效益有显著效果。合适的饲养密度可以减少牛体间争抢空间和饲料等现象，让肉牛能充分表现自己的行为，释放天性，减少疾病产生，对肉牛的健康和福利更有利。

（2）饲养方式。饲养方式对肉牛的生长性能和福利水平均能产生影响，拴系式饲养虽能够节约一定的空间且便于饲养人员的管理，但研究证实，散栏式饲养有利于肉牛生长，对肉质也具有明显的改善作用，肉牛的日增重及肉牛血清中谷丙转氨酶、谷草转氨酶、肌酸激酶含量显著提高。拴系饲养会显著降低肉牛的总反刍时间和总反刍周期数及爬跨等行为，并显著增加舔食槽等异常行为的发生。

（3）刷拭。使用不同的刺激来创造积极的情况或“奖励”是提高动物福利的有效方法，刷拭是肉牛饲养管理中常见的一种福利行为，能提高肉牛采食量、日增重，并加速肉牛血液循环和新陈代谢，还能在一定程度上降低料重比。刷拭牛体能减少疾病传染，在刷拭的过程中还能促进饲养员与牛之间的感情，让牛性情更加温顺，便于管理。

（4）去角。为方便管理，牛场经常采用去角措施。去角不仅降低了牛的伤害风险，更增大了食槽空间，还能降低因牛争斗产生的胴体损失。但是去角对牛的健康也会产生不利影响。通过皮质醇水平测量发现，局部麻醉也并不能减轻肉牛去角而引起的痛苦。从动物福利的角度来看，如果没有办法消除或减轻去角对肉牛本身造成的压力和痛苦，可以通过遗传改造的方式培育无角牛以改善动物福利。

（5）去势。去势的公牛可以减少攻击性和性活动，并提高肉牛的肉质。目前，去势手术以带式阉割（64%）和手术阉割（19%）为主。与手术阉割相比，带式阉割可减少急性疼痛，但会造成长期的慢性疼痛（张红等，2020）。

三、奶牛集约化养殖在动物福利方面的问题

随着我国人民生活水平的不断提高，牛奶已经成为日常生活中不可缺少的营养物质，需求量日益增加，致使中国奶业进入了快速发展的阶段。这就要求奶牛养殖要朝着现代化、规模化、产业化和集约化的方向发展。发展大规模集约化奶业是提高原奶质量、降低生产成本、促进奶业可持续发展的重要手段，同时也是我国奶牛养殖方式转变的重大变革。

1. 规模化水平较低

一般情况下，奶牛养殖的成本投入较高，同时对技术人员有一定的要求，市场竞争压力比较大。在实际的奶牛生产中，更多因为受到资金、技术和场地等因素的限制，规模化水平比较低，尤其是许多养殖户的奶牛数量不超过10头，因此在养殖的过程中较多采用玉米秸秆和杂草等作为主饲料，很少用精饲料和蛋白质含量比较高的饲料，也很少使用青贮饲料，直接影响了牛奶的质量，并造成产奶量下降，制约了中小规模养殖场规模的扩大。

2. 销售渠道狭窄

一般情况下，奶牛养殖生产的牛奶主要用于乳制品的加工，一体化的产业链发展体系不完善。尤其是在中小规模奶牛养殖发展的过程中，奶价基本由收购企业决定，而中小规模养殖场处于被动的地位。奶牛养殖企业不重视和乳品加工企业之间的合作，导致利益分配不均衡，分配机制不科学，从而造成大量资源浪费的问题，影响奶业市场的变化，影响相关企业的发展，造成利润下降甚至破产。

3. 养殖成本较高

因为受到市场环境因素的影响，奶牛市场整体比较低迷，而奶价持续降低，直接影响乳制品的销售。此外，随着人力成本和饲料成本的不断增加，影响了奶牛养殖的经济效益，造成利润空间缩小，经常出现频繁杀牛的现象，也在一定程度上制约了奶牛养殖规模的扩大，不利于养殖户积极性的提高。

4. 进口乳制品的冲击

养殖成本不断增高，加之大量的外国乳制品的进入，直接影响了我国乳制品的市场竞争力，造成养殖利润下降，中小规模养殖场的优势不明显，造成奶牛养殖规模的减少。

5. 中小养殖场管理经营不善

在中小规模养殖场发展的过程中，缺乏专业的技术管理人才，主要以家庭自主经营为主，养殖户的文化素质水平比较低，没有采取先进的饲养技术和智能化的设备，影响了奶牛产业的机械化发展，不利于奶牛繁殖率的提升，造成犊牛的成活率下降，养殖成本升高，影响了奶牛养殖户的积极性，不利于奶牛养殖业的发展。

6. 奶牛体况和不佳

奶牛群体质量较20世纪90年代有了较大改善，但是仍然存在农户饲养的低产奶牛淘汰更新不及时、奶牛平均单产低等问题。奶牛饲养管理技术水平不高，农户散养奶牛多以圈舍饲养为主，奶牛缺乏运动，消化道疾病和肢蹄疾病较多。饲料搭配不合理，缺乏优质的粗饲料。人均耕地面积较少，种草养畜成本高，农户散养奶牛粗饲料主要以稻草为主，缺乏优质青贮饲料和紫花苜蓿、多花黑麦草等优质青绿饲料。农户散养奶牛机械化挤奶程度不高，部分农户挤奶仍以手工挤奶为主，原料奶微生物指标难以控制，直接影响了鲜奶品质和销售价格（杨国荣，2020）。

7. 养殖场所并未达到免疫标准

多数养殖企业为了节约成本而就地取材。为方便选址，在选取养殖场地时，对基础设施、布局以及免疫条件等检测工作的重视程度不够，因此使养殖场地在这些方面的建设过程中存在诸多问题与不足。除一些大型奶牛养殖场外，很多中小型奶牛养殖场（户）防疫设备和设施都存在配备不全的问题，甚至缺乏疫苗冷藏或冷冻设备，以及单独用于诊疗、防疫的兽医室，更不具备隔离条件。在养殖区域以及生产区域的内部，缺乏健全的消毒设备，并且未将不同用途的通道进行划分，养殖场所内部建设并未达到相应的免疫标准，从而加大了防疫工作开展的难度。

8. 养殖人员缺乏专业的防疫理念以及养殖技能

随着惠农惠民政策支持力度的不断加大，大量的资金被投入养殖场的建设过程中，但养殖人员缺少专业化技能知识以及防疫理念，导致养殖场逐渐进入盲目性的建设过程中。与此同时，养殖场的管理者并未能正确地认识到疫病防控工作的重要性，在日常的养殖工作中，对存在的生物安全隐患不重视、不关注，在落实卫生防疫措施上怕麻烦、不投入，对上级领导的要求执行不力，甚至应付了事，致使缺少相应的隐患防范措施作为支撑（程岩，2021）。

9. 传统饲喂管理存在不足

传统养殖方法饲喂粗放，为舍饲、拴系、固定床位和食槽，将青贮、干草、块根、糟渣类和精饲料分别喂给奶牛，每天 3 次上槽，按奶牛所需定量饲喂精饲料。传统饲养方法的缺点是粗饲料、精料分别饲喂，奶牛的瘤胃 pH 值波动较大，使高产奶牛易发生干物质摄入量不足，导致产后失重和恢复期延长，产奶量上升缓慢甚至下降，随之出现繁殖障碍和代谢病等。由于粗饲料投放准确度难以保证，会造成某一种或几种饲料的浪费。奶牛饲喂过程的各个环节缺乏可控性（蔡文青等，2010）。

四、奶牛集约化福利养殖的对策和措施

1. 实现规模化和多元化发展

对于中小规模养殖场来说，必须要采取规模化的养殖方式（图 3-5），不断创新养殖方式，只有适度规模养殖才能带来规模效应，在一定程度上提高经济效益，实现资源和利益的最大化，也能提高原料奶的产品和质量，提高养殖户抵抗风险的能力。应该推动散养和小规模养殖户向着中小规模的方向发展，推动中小规模养殖户向着规模化的方向发展，采取多元化的养殖方式，真正提高乳制品的产量和质量。应该坚持因地制宜的原则，结合养殖场的实际情况促进奶业的转型，并且科学布局，建立规模化的养殖场。引进新的奶牛品种，不局限于单一的奶牛品种，并且将不同的奶牛品种进行繁育和杂交，培育出更多优质的奶牛品种。在培育优质奶牛品种的过程中，还应该考虑单一品种的养殖风险，做好具体的应对风险措施，一旦出现问题及时解决。

图 3-5　奶牛集约化福利养殖

2. 发展科学养殖

应该利用地区的资源优势，坚持因地制宜的原则，选择适合本地区的奶牛养殖方式。首先，不断更替奶牛，直到淘汰产量低和年龄大的奶牛，对患病和体质弱的奶牛及时淘汰，并且引进生产性状和抵抗力性能比较强的奶牛，保证引进优质的奶牛品种，提高奶量和产量。其次，应该采取信息化的管理体系模式，实现智能管理。应增加产品的附加值，拓展销售渠道，形成特色的产品。

3. 建立一体化经营模式

在中小规模奶牛养殖发展中，养殖企业应该重视和乳品加工企业之间的

合作，能够建立产供销一体化的经营模式。能够结合市场的变化情况科学地选择奶牛养殖的方式，可以和乳产品加工企业签订长期的供销合同，保证中小规模奶牛养殖场的经济收入，分担风险，实现利益的共享。

4. 建立社会化服务体系

可以借鉴先进国家和地区的经验，不断完善社会服务体系，改善中小规模奶牛养殖场中的养殖效率低和竞争力差的问题，可以采取整合和托管的管理模式，养殖户只负责奶牛的喂养，而粪污的处理和防疫由专业化的组织提供，并且采取统一的饲料供应和统一的原料奶收购的方式，采取科学的疫病防控手段，促进中小规模养殖场的科学化管理，从而不断提高生产效率和市场竞争力。

5. 利用本地资源

可以有效地利用本地的奶牛饲料资源，弥补饲草料特别是优质粗饲料的不足，可以采取同类饲料替代的方式，适当增加青贮玉米的饲喂量，弥补燕麦等饲料的不足。可以适当提升低产母牛的淘汰率，降低饲草的消耗量，从而也能在一定程度上降低饲草的成本。重视对奶牛养殖环境的管理，保证养殖环境的干净卫生，也能提高牛奶的产量和质量。在规划奶牛养殖场的过程中，应该合理布局和规范建设，不仅需要考虑当地的自然条件，同时还应该考虑奶牛养殖是否会对周围的生态环境造成破坏。有些奶牛虽然产奶量高，但是抵御疾病的能力比较差，很难饲养，养殖户可以引进抗病能力比较强的奶牛品种，同时和当地的奶牛品种进行杂交，繁育更好的优质品种（刘敏，2021）。

6. 实施 DHI 技术，提升奶牛场管理水平，改善牛奶质量

分析研究奶牛生产性能测定（DHI）报告就是分析研究牛群，因此通过 DHI 技术的实施，使奶牛场科技人员得到普遍培训。技术人员和管理者在解读 DHI 报告、查找问题、解决问题的过程中，知识水平和管理能力得到不断提高。奶牛场管理者逐渐形成了围绕这些信息进行有序、高效生产管理的习惯，陆续培养出大批会技术、懂管理的管理者和技术人员，促进牛场管理和技术水平进一步提高。

7. 应用性控快繁技术，使高产奶牛实现快速提质扩群

引进奶牛性控冻精和先进的发情检测设备计步器、B 超仪等，使性控快繁技术成为奶牛提质扩群的一项主要技术手段。同时，在奶牛繁殖障碍症防治、隐性乳腺炎检测和综合防治等技术方面的水平也得到大幅提升。

8. 全群实现 TMR 的调控及质量监控，提升管理水平

引进全混合日粮（TMR）设备和技术，注重奶牛分群、日粮调控、效果检测等相关配套技术的应用。在泌乳牛分群上不再主张越细越好，而是尽量保持牛群的稳定性，减少转群应激反应，以产更多的奶为目标。在 TMR 调控技术中，重视理论配方、调制配方、投放配方、实际采食配方“四个配方”的一致性，从营养需要计算、饲草料品质化验、TMR 设备使用和维护、机车手技能培训四个方面抓起。将饲草料送往华夏牧场等检测机构进行检测，结合 DHI 技术和代谢抽样试验（MPT）技术，对牛奶和血液进行检测，尽早发现高产奶牛营养代谢障碍及慢性生产性疾病和产科疾病的发生。据检测结果和高产奶牛不同泌乳时期的生理生化特征，及时调整高产奶牛不同生产时期 TMR 饲养的管理要求，配制营养平衡日粮。结合瘤胃调控技术，添加瘤胃调控制剂、过瘤胃脂肪、过瘤胃蛋氨酸等以弥补奶牛日粮搭配上的不足，减轻能量负平衡，促进奶牛生产性能最大化，提高原料奶质量。

9. 应用乳腺炎综合防控技术降低发病率

首先，为奶牛创造清洁卫生的生产生活环境，使用奶牛卧床并保持奶牛卧床和运动场干净舒适，建立符合奶牛泌乳生理特点和规律的挤奶程序和卫生消毒程序，减少生产生活环境造成的奶牛乳腺炎发生、传播的风险。其次，注重奶牛营养平衡，尤其是能量平衡，使用益生素、酶制剂、过瘤胃脂肪等瘤胃调控制剂或保健制剂，增强奶牛抵抗力，减少奶牛乳腺炎的发生。

10. 应用犊牛单圈饲养技术，提高犊牛成活率

犊牛采用单圈饲养。一是犊牛单圈具有独立性，可以随意移动，冬季朝阳、夏季背阳，可做到冬暖夏凉，便于对犊牛及其生活环境的清洁与彻底消毒。二是单圈饲养避免犊牛间互相吸吮，有效阻止细菌、病毒等有害微生物在犊牛间的传播，降低发病率。三是单圈饲养对于犊牛的采食情况、剩料、粪便等便于观察。

11. 重视青贮质量，为奶牛高产稳产打好基础

青贮作为奶牛的当家饲料，收贮质量的好坏直接决定翌年奶牛生产水平的高低。青贮质量的大幅度提高保证了奶牛生产性能的发挥。在收割前严格控制全株玉米干物质必须达到 30% 以上，在收贮过程中采用梯度起窖方法，边起边封。因大型收割机收割速度快、切碎压扁能力强，所以青贮的制作完全做到了“干、短、实、快”，在顶层喷洒青贮防腐剂，引进黑白青贮膜覆盖，可极大提高青贮质量。

12. 消毒防疫工作常抓不懈

在每年两次“两病”检疫的基础上，新增了奶牛病毒性腹泻检测，对检出的阳性牛进行淘汰处理。对泌乳牛进行隐性乳腺炎检测，对临床型乳腺炎患牛进行及时的隔离治疗。为了保障牛群健康和奶业健康持续发展，需要做好防疫、消毒，定期且具有针对性的检测工作常抓不懈、持之以恒。

13. 加强与科研院所和高校的科技合作

注重技术队伍建设和技术人员培训，聘请专家教授为常年顾问，为奶牛业发展把脉。与国际、国内著名奶牛专家保持友好联系，请他们指导牛群生产，把世界上先进的养牛经验、方法、理念带进来，请他们找问题，及时改正，少走弯路，少受损失，提高养牛水平。常年开展各类技术培训，紧密结合生产实际，以奶牛饲养管理过程存在的突出问题及奶牛新技术的应用为主题，有针对性地组织牛场技术人员、一线职工开展形式多样的技术培训班。有目的、有计划地选派技术人员和职工到外地参观学习，时常请相关专家现场指导和讲座，内部培训做到经常化、制度化。

14. 坚持例会制度

坚持“每天分析、每周分析、每月分析”的例会制度，及时发现问题、总结经验。例会以技术培训和现场分析为主，例会上提出问题，现场群策群力、集思广益，集体解答。鼓励技术人员将近期学到的东西或经验在会上讲出来与大家共享，平时收集各分场现场操作影像，在例会上共同对比、分析、辩论，加强印象（卜建华等，2010）。

参考文献

卜建华，李艳艳，宁晓波，等，2010. 加大科技投入实现奶牛集约化养殖的高产高效 [J]. 中国畜禽种业，6（12）：26–27.

蔡文青，倪向东，2010. 基于 RFID 技术在新疆奶牛集约化养殖中的可控管理 [J]. 畜牧与饲料科学，31（4）：72–73, 155.

程岩，2021. 试论奶牛养殖防疫中存在的问题及对策 [J]. 饲料博览（1）：90–91.

郝福星，李欣楠，苟施，等，2017. 生猪集约化养殖的环境污染及控制 [J]. 中国畜牧兽医文摘，33（11）：87.

高国伟，2021. 肉羊养殖的现状及改进对策 [J]. 中国畜禽种业，17（6）：120–121.

耿爱莲，李保明，赵芙蓉，等，2009. 集约化养殖生产系统下肉种鸡健康与福利状况的调查研究 [J]. 中国家禽，31（9）：10–15.

李柱，2012. 国内外动物福利的发展历史及现状 [J]. 中国动物保健，14（7）：7-9.
李伟萍，2018. 蛋鸡健康养殖的现状与发展策略 [J]. 畜牧兽医科技信息（2）：119.
李秀菊，岳立，吴卫东，2020. 猪集约化养殖体系优化措施 [J]. 中国畜禽种业，16（3）：126.
李海蓉，2021. 猪养殖中存在问题及对策 [J]. 畜牧兽医科学（电子版）(4)：148-149.
刘敏，2021. 中小规模奶牛养殖的问题和发展路径 [J]. 兽医导刊（21）：94-95.
鲁兴周，2016. 小规模肉牛养殖现状及发展对策 [J]. 农民致富之友（9）：158.
罗云辉，刘永祥，李海英，2015. 勐海镇蛋鸡养殖发展现状、存在问题及对策 [J]. 中国畜牧兽医文摘，31（10）：47.
马扬，2016. 农区肉羊集约化养殖防疫体系的建立 [J]. 新疆畜牧业（3）：40-42.
莽萍，2003. 有益的借鉴（二）动物保护法与动物福利法 [J]. 肉品卫生（12）：38-41.
麦文伟，2012. 如何跨越国外动物福利新门槛 [J]. 中国检验检疫（7）：49-50.
靳刚，2020. 肉羊集约化养殖防疫体系的建立 [J]. 畜牧兽医科技信息（11）：113.
靳会珍，宋华英，2014. 沧州市蛋鸡养殖现状及对策措施 [J]. 中国畜牧兽医文摘，30（6）：36.
孙忠超，2015. 国外农场动物福利评价体系概述 [C]// 中国畜牧兽医学会. 中国畜牧兽医学会动物福利与健康养殖分会成立大会暨首届规模化健康与福利养猪高峰学术论坛论文集. 泰安：中国畜牧兽医学会动物福利与健康养殖分会理事会：42-47.
施夏夏，2021. 肉羊高产养殖技术要点分析 [J]. 中国畜禽种业，17（12）：98-99.
王崇强，2022. 农区肉羊集约化养殖防疫体系的建立 [J]. 中国动物保健，24（1）：94, 96.
伍佰鑫，2017. 美国动物福利立法对中国畜牧业的启示 [J]. 中国畜牧业（17）：49-51.
吴中海，陈辉，2015. 集约化肉鸡养殖中的动物福利问题 [J]. 养殖与饲料（7）：23-24.
肖艾香，2022. 规模化猪场保育猪养殖技术分析 [J]. 吉林畜牧兽医，43（2）：10-11.
肖星星，2015. 美国、欧盟动物福利立法的发展及借鉴 [J]. 世界农业（8）：97-101.
谢守前，詹凯，金光明，等, 2018. 中国蛋鸡福利化养殖现状与发展趋势 [J]. 中国农学通报，34（17）：129-134.
岳碧娥，2021. 肉羊高效舍饲规模化养殖技术与推广研究 [J]. 饲料博览（4）：72-73.
杨国荣，2020. 大理奶牛养殖现状及存在问题 [J]. 中国畜牧业（8）：67-68.
杨青，2011. 国内外医学实验动物福利现状与思考 [J]. 天津药学，23（4）：74-76.
杨葳，郑志红，史晓萍，等, 2008. 英国实验动物福利法律法规浅析 [J]. 实验动物科学（1）：71-72.

第四章
动物心理需求与调控

动物福利包括两种表达，即福利和康乐。康乐指有机体在其所处环境中能够达到身体与心理协调稳衡的一种状态或条件，包括心情愉悦、快乐、身体健康等（Jensen，1988）。康乐的标志是动物的身体和心理得到正常的发育，没有行为剥夺或不良环境的刺激。福利更强调的是动物个体的特征，包括对环境中各要素有效适应范畴。动物和人一样也有感情，也会感到沮丧和愉快，心情的好坏对动物本身的健康状况以及生产性能具有重要影响。目前，动物的心理健康越来越受到广泛关注，动物心理福利应当使动物享有不受饥渴的自由，享有获得新鲜饮水和空气的自由，享有生活舒适的自由，享有不受痛苦、疾病、损伤、恐惧的自由，享有能自由进行各种正常活动的自由。

第一节　动物的心理需求

一、生殖需求

动物的生殖需求包含多个方面，如求偶、交配、受孕、产出下一代等，内容极为丰富。对于动物来说，自由地表达其性行为与母性行为的天性，是动物福利的重要内容。动物性行为的自由表达可以被称为动物的性福利。只有满足了动物福利要求才能更好地发挥其繁殖性能（李继仁等，2015）。

但是在集约化养殖管理下，为了追求利益的最大化，新型繁殖技术陆续出现，如人工授精、同期发情、超数排卵、胚胎移植、体外培养、冷冻精液和基因操控等，在养殖效益不断增长的同时，动物却在承受恐惧、疼痛和情感缺失的痛苦（王贵等，2020）。研究发现，在自然交配中不存在性行为缺失，只有性行为强弱、异常与障碍，如母畜发情不明显、公畜性欲不强等，但长期以人工授精方法进行繁殖的畜群，性比例相差悬殊，公母畜长期隔离，其性行为链受到严重干扰（王振华等，2003），人工授精过程中的采精与输精代替了动物公母之间的求偶和交配，因而造成性行为缺失，为正常的繁殖和人工授精带来诸多问题，如母畜的安静发情、公畜的性欲减弱等，也给母畜的发情鉴定和采精工作带来一定困难（李继仁等，2015）。采精过程中应保证动物与异性接触的机会。种公畜对捕捉行为和采精操作均会产生较强的应激反应。对使用“人造阴道”“挑逗”和电刺激所获得的精液样品质量评估，结果发现，电刺激后采集的精液样本质量有所降低，对种公畜的福利产生了明显的影响（Roger，2012）。

二、絮窝需求

雌性动物在分娩前会表现有絮窝需求，这是动物一种本能的反应。雌性动物产前的絮窝需求非常强，能够利用环境中各种絮窝材料进行絮窝。在繁殖季节，即使不给动物提供絮窝材料，动物也会在产前表现出相应的絮窝行为（崔卫国等，2004），如拱鼻、扒地、寻找合适的絮窝材料，所有这些行为都是动物表达建立一个供其分娩和哺乳的窝以保护其后代免受捕食者及严寒天气伤害的心理愿望（Widowski et al.，1990；Wischner et al.，2009）。研究发现，产前动物絮窝行为受到干扰，会引起动物厌恶心理和应激反应，使动物出现更多的刻板行为（如咬栏）（Jensen，1988；Lawrence et al.，1994；Yun et al.，2013）。

三、探究需求

当动物进入一个新的环境时，往往表现出强烈的探究动机，这是动物好奇心的一种表现，是一个集中环境和目标信息的过程（David et al.，1989），与大脑的活动有关，并且与积极情感相关，可用于评估动物福利。动物探究的目的是寻找新刺激，新刺激对动物而言又会成为一种奖赏，强化了动物探究的欲望。探究能够增加动物的感觉输入，有利于维持体内平衡（崔卫国等，2004），通过探究可以提高环境可预测性和可控性，从而增加环境的确定性（刘洪贵，2013）。

动物一般表现出高的探究动机表明它感觉愉悦（刘洪贵，2013），高探究动机也是良好福利的前提。研究发现，饲养于贫瘠环境中的动物，探究行为水平低于常规水平，而富集环境下探究行为水平较高。现代集约化养殖场场地多为水泥地面，场地内缺少可玩之物，动物的探究需求得不到满足，长期下来会导致动物的攻击行为增加，产生互相咬尾的不良现象（章红兵，2002）。

四、社会集群需求

常见的家畜如猪牛羊都具有群居性，有社会集群的心理需求。当它们与其他同伴在一起相处时才能处于安乐和正常的生理状态（姜成钢等，2008）。但这需要控制在一定的群体范围内，例如，对于猪来说，超过 10 头左右的社会群体就会超出它的认知水平，很难组成一个稳定的社会结构，并且容易相互攻击、咬架、打斗。那些被咬的猪会留下严重的心理创伤，造成其不自信，对其他猪产生不信任的防范心理和恐惧感，这种心理导致交感神经长期处于兴奋状态，血压和血糖升高，能量代谢加速，从而形成热增耗增高的应激生理特点，影响其生长发育（章红兵，2002）。

五、玩耍需求

动物的行为记录反映了动物的真实情感，玩耍行为一般是自发的，玩耍的存在是因为其良好的适应性和进化益处（Broon，1991）。动物的玩耍在内容及表达上与人类的相似，因此玩耍代表积极的情感状态（Wrona et al.，2004），它代表着动物的需求得到了满足，并降低了其恐惧感。当动物处于额外空间、食物奖励等积极情感刺激下，玩耍行为（跳跃和奔跑）增加，表明快乐或资源没有被剥夺（刘洪贵，2013）。研究发现，适当群养状态下的犊牛玩耍行为频率高于单栏饲养的犊牛。Wood 等（1991）的研究表明，猪在富集环境中玩耍行为多于贫瘠环境，但是在富集环境中的猪进入贫瘠环境，其玩耍行为也会变多，最可能的原因是猪长时间住在常规的房间内对猪的内心产生了挫败感，猪的内心可能需要新鲜感。

六、自我修饰需求

自我修饰就是对自己身体表面的维护。哺乳动物通过舔、抓挠、摩擦毛皮、打滚等行为维护身体表面清洁与卫生（Ferré et al.，1995），得到自我修饰需求的满足。例如，家兔在休息时常常用很多时间整理和保养其体表，尤其是身体上有异物或脏物时，它会用前足、后足或嘴贴近并梳理身体各部位的体毛，用于排除刺激（王长平等，2009）。这种修饰需求产生的相应行为通常体现为去除污垢、体外寄生虫，保持身体表面的整洁。研究认为，自我修饰代表动物消极情感的减少。Jensen 等（2012）发现奶牛等哺乳动物在应激情况下自我修饰行为频率会增加。在饲喂精饲料和刷拭过程中，犊牛一般表现冷静，并很少出现自我梳理和发声等行为，但沮丧时自我梳理和发声等行为则相应增多（Selzer et al.，2012）。

第二节　心理福利对动物健康及生产性能的影响

动物的心理福利就是要保障动物不受恐惧和忧虑紧张的自由。情感是由行为、生理、认知和意识等成分组成（Desire et al.，2002；Mendl et al.，2004），动物不是没有感情的草木，它们天生具有较强的感官能力和警惕心理，能感受到疼痛、恐惧，从而直接影响到动物的行为、健康和动物产品品质（Held et al.，2011；秦洋等，2020）。因此，对动物心理情感的研究已经成为动物福利研究关注的焦点（Boissy et al.，2007）。

一、心理压抑导致异常行为增加

近年来，随着畜牧业的不断发展，集约化养殖的程度也越来越高，这虽然给养殖户带来了便利，但同时也带来了福利方面的问题。心理福利可以通过动物心理需求在行为上的满足程度来体现。动物心理需求在行为上的满足程度对生产性能的影响也越来越受到广泛关注（李桂芹，2009）。集约化养殖场的主要福利问题是限制了动物活动，使动物不能够完全表达它们的自然行为，长期的行为限制导致动物出现精神沉郁、食欲不振的现象（李晶等，2008）。同时动物行为需求长期得不到满足也会导致异常行为和规避行为的出现，如犊牛的舔毛、卷舌，育肥猪的咬尾（图 4–1），栓系母猪的啃栏、静止犬坐，产蛋鸡的踱步、假沙浴、发呆等行为，肉牛的假反刍行为等。异常行为虽然可能是动物为了缓解或满足其行为需求所表现出的替代行为，但这种异常行为会导致能量大量消耗，增加采食量而降低饲料转化效率（李桂芹，2009）。另外，由其他外界因素引起的如同类相残、食仔等行为则会直接影响到动物的生产性能，对养殖的经济效益产生重大影响。例如，断奶后的保育期仔猪，混群后由于彼此之间的陌生和环境空间的限制，会导致仔猪产生强烈的不安，增加争斗行为的发生，严重影响到仔猪的健康和生产性能（李杜，2011）。用定位栏饲养的母猪絮窝需求难以得到满足，会产生代替絮窝行为的活动，如对着钢筋拱和咬，并经常改变它们的身体位置，因频繁接触地面而造成肌肤的损伤。此外，产床中的母猪在产后第一天躺下时会更加困难，这类破坏性运动（如压力和打滑）会增加母猪的肢蹄病变（崔玮倩等，2018）。同样地，在蛋鸡饲养过程中，饲养群体越大，社会等级秩序稳定性越差，动物情绪紧张度越高，导致伤害性行为发生频率增加（邹昕羽等，2021）。

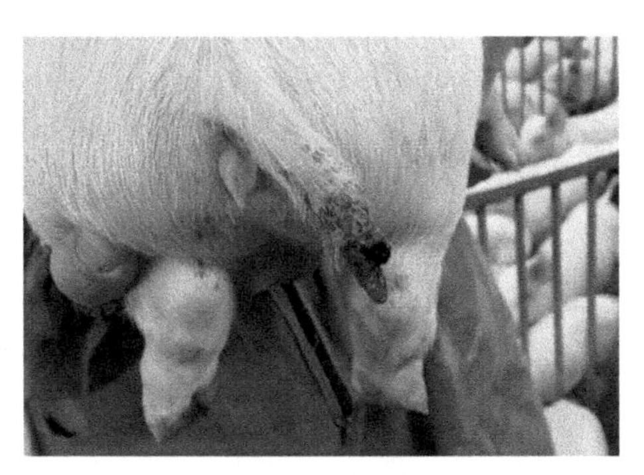

图 4–1 猪咬尾行为
（资料来源：河南畜牧兽医信息网）

二、恐惧心理导致疾病发生率增加

在集约化养殖中动物与饲养人员密切接触，动物对人的害怕，以多种表现形式限制了动物的福利。在生产中，动物因害怕人，而导致在对其进行不良接触和常规检查时的躲避行为会造成损伤，在对蛋鸡的研究中发现，饲养前期处理及对人的害怕会造成鸡群损伤并产生抓捕反应，从而有可能导致屠宰前抓捕时受伤。Breuer 等（1998）发现，经过不良接触的奶牛出现瘸腿现象为 44%，而良性接触处理的牛瘸腿现象仅为 11%。对人高度害怕及由此出现的躲避行为可能是遭受不良接触的奶牛瘸病发生率升高的主要原因（Breuer et al.，1998）。生产者或管理者的态度也影响着猪的母性行为。母猪对不良刺激非常敏感，一旦形成记忆，会持续很长时间，甚至产生恐惧心理。分娩前产生恐惧心理的母猪，分娩后对仔猪更加粗暴，且容易分娩更多死胎、畸胎，产生恐惧心理的母猪，生产时间更长，仔猪死亡率在分娩后 3 周内较高。另外，集约化养殖场中动物个体之间具有密切联系，对于动物的情感而言，它不仅与个体的情感有关，而且与它同伴所受到的痛苦或快乐程度有关，这个过程被称为情绪感染（Hatfield et al.，2010；Held et al.，2011）。研究表明，一方面，动物可以通过接收来自同伴的信号来感受快乐，这可能发生在诸如玩耍等情况下，因为玩耍会激发一种快乐的状态；另一方面，动物也会接收来自同伴受伤害或疼痛来触发情绪。因此，情感状态可能具有传染性（Held et al.，2011）。如果是这样，一旦某个个体出现不良情绪，也会影响到其他个体。

三、应激反应对动物心理造成不良影响，降低动物免疫力、影响动物产品品质

应激反应是动物遭受不利于生理或心理的有害因素时，机体为保护自我做出的一系列生理上或行为上的变化，持续、高强度的应激反应会对动物的健康状况造成严重的影响（Farouk et al.，2016）。饲养管理人员的粗暴行为、养殖场的不良环境等都会对动物心理产生不良影响，从而产生应激反应，对动物健康及生产性能造成损伤。研究发现，奶牛在遭到粗暴对待，运送、装载、屠杀不科学的情况下很容易产生不良的应激反应（张仔堃等，2020）。惊吓、噪声、驱打、潮湿、酷热、寒风、雨淋、空气不清新、更换饲料等应激条件都将引起奶牛产生不良反应。在应激条件下，奶牛免疫力下降，患病风险加大，最终导致产奶量下降。生产中常常为了缩短生产周期，将仔猪断奶时间由 4 周提前至 3 周，严重违背了动物享有生活无恐惧、悲伤的自由原则，导致断奶仔猪免疫力低下，饲料转化率低，生长缓慢，甚至暴发仔猪红痢、仔猪白痢或其他腹泻等疾病，死亡率极高，造成巨大损失（汤建立等，2018）。另外，动物出现应激反应并伴随异常行为时，肠道菌群多样性也会遭受破坏，出现肠道炎症，引起机体局部或系统性感染（邹昕羽等，2021）。Gregory 和 Wilkins（1989）发现，在屠宰前，因惊吓对产蛋后期的蛋鸡进行抽样检查，结果有 1/3 的蛋鸡发生骨折，抓捕和宰前处理可使鸡发生骨伤。同样地，如鸡的断喙、强制换羽，猪在未进行麻醉状态下去势、断尾，不仅增加了动物的痛苦，而且会使动物产生较大的应激反应，在不同程度上对产蛋或增重等造成负面影响（李桂芹，2009）。

宰前应激反应对肉品质的影响也是巨大的，宰前动物受到驱赶、混群、长途运输、环境温差（尤其是高温环境）、电击昏等应激因素刺激，肾上腺素分泌急剧增加，肌肉极度紧张，当正常的有氧代谢难以满足肌肉能量需要时，肌浆中肌糖原以无氧酵解的方式供能并产生乳酸。这一应激反应导致了瘦肉风味前体物质肌糖原的损耗。酵解产物乳酸使肌浆的 pH 值从 7.0 开始向 5.5 临界值下滑，产生不同程度的肌浆蛋白和肌红蛋白变性而逐步失去蛋白质的亲水性能。当 pH 值低于临界值时肌肉发生严重脱水形成所谓的 PSE（苍白、松软、脱水，俗称白肌）肉或 RSE（红色、松软、脱水，俗称红软）肉，在肌肉能量耗尽时还可以表现为另外一种极端形式即所谓的 DFD（黑暗、坚硬、

干燥，俗称黑干）肉（李青春等，2008）。具有上述异常的瘦肉不仅色泽难看不易贮存而且口感极差，是猪恶性高温综合征的表现之一。另外，生产过程中的断奶、阉割、去势、轧耳号，饲养过程中的转舍和断喙等管理措施也易诱发动物出现心理应激反应，导致动物出现异常行为，产生 PSE 肉和 RSE 肉（李青春等，2008；邹昕羽等，2021）。

第三节　动物异常行为的心理反应

自然行为正常表达能够改善动物的情感状态（孙福昱等，2020），动物心理上的抑郁、惊恐和身体上的病痛等都可通过动物的行为直接表现出来，当饲养在贫瘠、狭小环境中的动物感到心神不定、无聊压抑或处于风险当中时（周鑫宇等，2010），动物会表现出自然条件下不表达或很少表达的特定行为，这些行为具有表达时间长、不断重复、没有明显功能等特点，通常被称为异常行为（屠焰等，2018）。因此，在某种程度上，动物的异常行为可以被看作是自然行为无法表达或出现应激反应时出现的替代活动。

在现代集约化养殖场中，动物的生存环境往往狭小拥挤、设计单一，动物无法选择进食时间、食物种类、食量、配偶、社群结构等，会使其非常受挫，心理不健康。如笼养鸡，在笼养条件下不能走来走去、抓地、打滚、筑巢或伸展翅膀。另外，在过度拥挤的囚禁环境下，弱者无法逃避强者的攻击，而强者则在重压环境的胁迫感下已经出现心理问题，可能会导致鸡相互啄食（袁瑜璟等，2015）。生产中还会出现母畜食仔现象，这可能主要是由产仔前后的过度兴奋和环境心理失调引发（尹国安等，2013）。家兔在休息或采食的一段时间后，会对身边的硬物体如树枝或铁笼进行啃咬并且连续咀嚼，但不采食饲料，这表明家兔处于高兴状态；如果磨牙声响比较大，那么表明家兔处于痛苦状态（王长平等，2009）。

一、异常心理导致动物行为规癖

在集约化生产方式下，家畜的饲养环境异常单调，在单调环境条件下，动物因环境刺激缺乏而感到不适应，环境不适导致了动物行为规癖的发生。许多行为规癖，例如，限制环境下动物的踱步等，可能与动物试图逃出所处环境而不能成功所带来的心理厌恶有关。研究发现，拴系使母猪心理产生挫折感，对所处环境厌恶而又无法逃避，最终导致行为规癖的出现（崔卫国等，

2004）。动物出现行为规癖除给动物本身造成一定的生理损伤外，还意味着动物的行为需要没有得到满足或者正在遭受心理应激。

在集约化生产环境下，由于环境的单调抑制了动物的探究行为表达，使动物产生了极大的心理压抑。当动物熟悉其所处的环境后，动物对环境的探究动机减弱，探究活动降低。此外，单调的环境也会使动物的絮窝行为无法正常表达，絮窝动机的存在使动物的絮窝行为出现转移，最终形成规癖。例如，在自由环境条件下，强烈的絮窝动机会促使母猪利用树叶、杂草或者秸秆絮窝。但是在集约化生产环境下，动物得不到这些絮窝材料，絮窝动机被严重抑制，母猪产生挫折感。同时，水泥地面或者漏缝地板的使用更是限制了絮窝行为的表达，最后导致母猪产生啃栏、犬坐以及长时间站立等行为规癖。同样，缺乏絮窝材料或环境限制的原因也会使产蛋母鸡的絮窝动机被抑制并产生心理挫折感，导致出现啄癖和踱步等行为规癖（崔卫国等，2004）。根据"挫折-攻击理论"，即在遇到挫折时会有潜在的攻击性倾向，当鸡群处于如传统鸡笼等空间限制性环境下，鸡群表达它们自然行为的权利被剥夺，面对一成不变的环境，没有新鲜事物的刺激，动机得不到满足，鸡群会因此陷入一种沮丧状态，从而引起应激反应并伴有攻击性行为（Petrosus et al.，2018）。特别是当陌生的个体被迫混群时，为了建立新的社会优势序列，常引发争斗行为，鸡会直接攻击叼啄同类的头、趾及肛门等部位，造成鸡群不同程度的伤亡，但优势序列重新建立后，整个群体社会关系会保持相对稳定（Takashi et al.，2018）。

二、牛的异常行为的心理反应

在奶牛中常见的异常行为有卷舌、过度自我梳理、异食、非营养性吮吸等，这些异常行为的发生常常被认为是奶牛心理或行为受挫的表现（赵卿尧等，2021），例如，犊牛被消极情感刺激后，其摇头、卷舌行为有所增多。Sandem 等（2006）研究也表明，食物剥夺组奶牛比较有攻击性，有卷舌和摇头行为，而这些行为模式在给予食物组却没有发生；同时咀嚼活动得不到满足的奶牛会表现出更多的异常口部行为，导致采食量下降（吕晶，2015）。环境单一且密度极大的圈养环境中的奶牛皮质醇水平更高，应激反应明显，且常常出现晃头或反复蹭栏杆等异常行为（赵卿尧等,2021）。Sandem 等（2006）研究表明，在食物剥夺等消极情感状态下奶牛表现出攻击性、卷舌和摇头行为，这种行为模式可能是一种替代活动。奶牛的异食癖是一种异常行为，多数是营养缺乏、烦厌无聊或生理紧张而造成的。奶牛常见的异食癖有吃沙、吃土、吃布条、啃食槽等，所以混入饲料中的塑料袋以及运动场内的异物应及时清除，防止被牛食入造成消化道阻塞而导致死亡。处于哺乳期的犊牛在哺乳后总有不足之感，为此而产生相互吸吮对方嘴巴上的余奶，以致发展到相互舔毛或吮吸乳头、脐带等习性。这一习惯如果长期持续，会造成牛毛等进入胃中形成毛球，习惯性地吮吸乳头和脐带还会造成乳头和脐带发炎等问题（李振清，2007）。

三、猪的异常行为的心理反应

猪集约化生产一般不会垫草，因此猪的叼玩愿望不能得到满足，引起猪去相互玩弄尾巴或耳朵，有时甚至啃咬栅栏。长期圈养环境中，猪容易产生厌倦情绪，于是相互玩弄耳朵或尾巴，最终导致严重的食肉癖，有些打斗是由猪群中个别凶恶好斗的猪挑起。另外，仔猪也会因离乳分窝争位次而引起撕咬。为了提高母猪产仔数而人为缩短哺乳时间，使一些仔猪不能适应固体饲料，想念母猪的乳头的欲望又不能得到满足而去吸吮其他猪的乳头（布仁等，2010）。猪还有群居行为、争斗行为和领域行为，当其空间受到侵占或威胁时，群内咬斗次数和强度增加，攻击行为增加，特别是在猪群分窝并栏时，由于气味不同或强弱顺序被打乱，多会引起打斗（章红兵，2002）。利用行为来测定情感是一种新奇的方法（Ohl，2003），但对于猪来说不是所有的行为都是用来描述情感的。例如，猪的惊恐和僵直反应（动物的身体弯曲），或对大的声音和突然刺激的反应，这类反应会提高猪的消极情感状态，可用于情绪效价的测量。尾部的摇动和其位置的改变已经被建议作为猪积极情感的指标，然而，高频率的叫声和试图逃跑都被应用于消极状态的评价。

四、羊的异常行为的心理反应

异食行为多见于舍饲圈养的肉羊，羊对被粪便污染的饲草料或垫料、尼龙绳等特别感兴趣，有的羊有舔食或采食毛发的情况（王灿军，2019）。另有研究发现，对于毛用的绵羊，剪羊毛的过程会增加羊群的压力。剪羊毛涉及人与羊相互作用，人类必须接近羊，进行牵引、捕捉、拖拉和剪毛。在去除羊毛时，羊需要与其他羊分离，羊的分离也会相应地引起其体内的皮质醇水平升高和心率增加。国外的学者认为这表明羊的强大社会性质及其对分离的厌恶，在与其他羊分离时，其体内血浆中肾上腺素水平增加，血清中乳酸盐、葡萄糖、胰岛素和游离脂肪酸浓度增加（叶尔兰·谢尔毛拉等，2018），还会导致 pH 值升高，肌肉中的糖原和乳酸浓度降低。同时，导致血浆中肾上腺皮质激素浓度增加，白细胞增多，谷氨酸草酰乙酸转氨酶浓度增加，发声及一般活动的行为增多，所以与其他羊分离后会增加羊群压力（姜冰等，2021）。

五、家禽的异常行为的心理反应

随着集约化程度不断提高、集约化规模不断扩大，家禽异常行为发生频率不断上升，异常行为会造成家禽生理上的应激反应以及心理上的沮丧情绪。在家禽中最常见的异常行为主要是啄羽、啄肛、异食癖及刻板症（包军，2008）。在较小的畜群中个体间熟悉较快，争斗较少。当分群密度太大或单位面积禽群过于密集，会使家禽情绪烦躁，增加群体间的争斗和对饲料及筑巢空间的竞争，易诱发恶斗癖。对于肉用型种用鸡，限制饲喂措施会使鸡产生一种挫折感，从而鸡在停食的时间段表现得更富攻击性。在育成期进入产蛋期，免疫防控、选鸡、转群时频繁地抓鸡都会造成全鸡群紧张。同样地，为开产准备而延长光照时间，增加光照强度，并把育成日粮改换为产蛋日粮，这一系列应激的累加作用，往往造成鸡的惊恐，使啄斗行为加剧（冯学文，2011）。

第四节　集约化养殖模式下提高动物心理福利的措施

动物心理福利要求使动物免受恐惧和焦虑心情的伤害。尽量避免所处环境及饲养管理环节的各种不良应激，使之精神愉悦放松、生理及代谢机能正常发挥、最大化降低发病率。例如，提供充足的饲料、洁净的饮水；控制好环境，减少噪声、灰尘、有害气体等对动物产生的应激；对仔畜实施科学断奶，循序渐进地实现母子分离及更换配方饲料，有利于预防断奶、换料不良应激综合征；固定时间节点播放舒缓音乐、与饲养动物亲密接触互动、为动物提供相应的玩具、及时为动物清洗、保持畜舍干净卫生等，同时还要在日常管理中做好饲养人员的技术培训，加强动物福利观念，有助于消除动物紧张、恐惧情绪，久之可将一些有利于饲养管理的行为习惯固化养成（杨景晁等，2020）。

一、保证合理的饲养密度、充足的饲料、洁净的饮水

虽然猪、牛、羊等动物都具有一定的群居性，但过高的饲养密度不利于畜群的社会等级稳定，并且很难保证个体的活动空间。对于猪来说同时一栏最好不要超过 20 头，否则，猪群异常行为的发生将明显增多。不同品种、

日龄、体况的鸡应当分群饲养，并保证适宜的鸡群饲养密度。一般来说，蛋雏鸡 1 ~ 3 周龄时的饲养密度为 20 ~ 30 只 /m^2，4 ~ 6 周龄时的饲养密度为 10 ~ 15 只 /m^2；育成鸡的饲养密度平养为 10 ~ 15 只 /m^2，笼养控制在 25 只 /m^2 以下；肉鸡的饲养密度为 10 ~ 18 只 /m^2，平面饲养时，每群适宜饲养数量控制在 250 ~ 300 只，专业户控制在 100 ~ 250 只为宜（丁洪发，2019）。对于羊来说运动场要不小于羊舍的 2 倍，羊舍的高度不低于 2.5 m，羊在舍内或栏内所占单位面积具体为公羊 1 ~ 1.5 m^2，母羊 0.5 ~ 1 m^2（刘静，2017）。对于肉牛来说 3.6 m^2/ 头的饲养密度对促进肉牛生长并提高其福利水平及经济效益有显著效果（张红，2020）。另外，还要给动物提供充足的饲料、干净的饮水，保证动物不受饥渴，干净的饮水也能减少因细菌感染带来的肠胃疾病（章红兵，2002）。

二、保持环境干净卫生

畜舍应避免贼风、有害气体、不良气味、潮湿、过热、过冷、光照过强、噪声等应激因素。应当注意通风，保持干爽，调节好温度。搞好舍内外环境卫生，定期进行粪污处理，制定合理的驱虫程序，及时预防和治疗寄生虫病的发生（章红兵，2002）。

三、满足动物自然行为，保证动物自由表达的天性

目前国家大力提倡对农场动物的居所进行有益的改善，即在单调的环境中，提供必要的材料和玩具供其探究玩耍，如在猪舍内悬挂铁链、旧轮胎等或投放别的玩具来分散猪的注意力，能够满足动物表达其生物学习性和心理活动，减少打斗或咬尾现象的发生。Wood 等（1991）发现新奇刺激可以提高动物玩耍水平。刘洪贵（2013）的研究结果也显示垫草丰富型分娩栏能满足母猪的行为表达需求，从而促使动物的心理和生理均达到健康状态。

对于动物来说福利玩具可以增加咀嚼、啃咬、磨牙、玩耍等天性行为的表达，减少咬尾、咬耳、争斗等异常的行为，还可以改善猪肉颜色，增加肌内脂肪含量，减少滴水损失（张婷等，2016）。尹国安等（2010）指出垫草丰富型生长育肥栏中添加少量稻草即可减少生长猪针对同伴和圈舍的异常行为并减少心理应激反应。研究表明，更快适应环境的猪可以从不良应激反应中更快恢复正常，并可以使胴体品质得到改善。

此外，需要适当地给动物进行信号和奖励刺激。研究发现，当期待食物

奖励时，老鼠、貂活动增加且行为改变频繁，代表愉悦情感状态的运动性玩耍行为增多（跳跃、奔跑）（Wood et al.，1991）。

四、减少人为接触中对动物产生的惊吓刺激

在日常饲养管理中除疾病检查与动物亲密接触外，频繁与动物接触的就是采精、人工授精等繁育技术操作，目前这方面的动物福利意识还比较淡薄，操作人员普遍存在恐吓、强行驱赶等行为，并且在抓捕和保定时，存在驱赶、扯腿甚至踢打等行为。在捕捉动物时，应该尽量保持安静，让动物自己走动，不要抛扔动物，避免噪声惊吓，伤害脆弱敏感部位，避免其疼痛和恐惧。在人工输精的生产实践过程中，操作人员技术应该熟练，减少对动物机体的损伤。在胚胎移植手术过程中要保证麻醉落实，减少母羊疼痛（王贵等，2020）。

五、宰前运输管理

不当的长途运输常常给动物造成痛苦、损伤或疾病，最终影响屠宰后的羊肉品质。运输前期应当做好充足的准备，包括对运输车辆、运输设备、运输路线的检查确认，运输密度的控制，饲料饮水的充足准备。在运输过程中应该尽量避免过多的车辆颠簸、保持一定的通风，减小噪声产生的应激反应。在装车和卸车时更应该注意不要粗暴地对待动物，不得大声呵斥、拖拉拽等暴力驱赶。

运输前的准备工作至关重要，充分准备有利于减轻动物在运输过程中的痛苦。运输前的准备工作包括以下几个方面。

1. 适应性训练

动物福利要求宰前运输动物时最好让动物经过一段时间的适应性训练，对动物“施号发令”应该轻声细语，不得高声吆喝，避免动物受到惊吓，产生应激反应（李青春等，2008）。

2. 运输车辆的设计

对于运输的车辆要保证车辆设计合理，现在市场上的运输车结构上基本相似，采用仓栅式车厢体，在人们对肉品质要求提升的背景下，运输车辆性能逐渐受到重视（吴晓宏等，2015）。研究者就肉牛专用车设计在通风换气、护栏结构、避雨防晒、自动系统等方面都提供了参考意见（郭丙全等，2017）。另外，车内环境应该保持干净清洁，工作人员要仔细检查车辆内壁是否有锋利、凸出的物体，防止伤害到动物，地面也应该是防滑的（王立贤等，2005）。

3. 合理的运输方案

运输前做好运输方案，选择路况较好的交通网，可以使动物避免因颠簸带来的机体损伤和群体应激反应（王立贤等，2005）。

4. 运输密度

要保证合理的运输密度，运输密度过高会造成动物拥挤而导致皮肤擦伤，运输密度过低容易引起打斗现象，并且在车辆加速、急刹车或拐弯时容易使其失去平衡（王立贤等，2005）。在运输过程中，体重在 30 ~ 40 kg 的羊，每只羊需要至少 0.27 ~ 0.3 m^2 的空间来躺卧（赵硕等，2018）。对于猪来说，欧盟要求猪的运输空间是 0.425 m^2/100kg（王立贤等，2005）。

5. 混群程度

尽量减小混群程度，在混群不可避免的情况下，混群应在运输前在农场处理时进行（王立贤等，2005）。肉羊的合群性往往优于其他家畜，不论是舍饲、放牧还是集群，它们都喜欢群居（郑明义等，2015）。分群是进行合群前的关键一步，进行分群的羊，其生病和体弱现象明显减少（辛春艳等，2015）。因此，运输肉羊合群前的分群，可利于习性发挥，便于肉羊避免集群应激反应。

总之，运输前的准备工作越周到，动物的运输应激反应就越少。

六、运输过程管理

在运输过程中要保证充足的通风，高温高湿的环境会增加动物的应激反应，增加运输死亡率和 PSE 肉的发生。运输过程中的车内温度不要超过 30℃，并且应当避免在一天最热的时间段内运输。值得注意的是，安静的运输环境可以使畜禽保持安定状态，因此，减少噪声可改善畜禽休息和睡眠。在长途运输中，运输时间超过 8 h 要休息，要适时地提供饮食和饮水，以维持好的福利状态，减少死亡率和体重的减轻（王立贤等，2005）。运输中应尽可能避免群内斗争以防畜禽屠宰后胴体出现 DFD 肉或 PSE 肉（尚菲，2015）。

七、装车卸车管理

装卸过程最易引发应激反应，装卸过程中的应激反应最终会影响肉质变化，因此这就要求工作人员熟知装卸过程中的注意点。装车时应当在动物处于半饥饿或者空腹时，切记不要在饲喂后或饱腹时装车，避免运输颠簸造成腹内食物的不良反应。装车时，运输车辆最好使其地面与载物台的平面处于一个水平面上，使动物能够自由无障碍上车（李晶等，2008），若出现无法避免的坡道，其坡度也不宜超过 20°（杨雪，2020）。卸载过程操作不当，动物也极易受到伤害。卸车时要保持安静，动作平缓，尽量让动物自己走动，不能强迫动物跳下运输车辆，严禁使用抓或提耳朵、蹄、头、尾巴或其他会对动物造成痛苦的部位来对动物进行移动，更不要抛扔动物。驱赶动物时应尽量避免制造噪声，不可敲打，不得使用器械强行驱赶或强行拖拽动物上下车，不得挤压动物身体的敏感部位（如肛门、生殖器）。如果装载的是伤病动物，在不需要帮助的情况下可以走下运输车，必须在指定的伤病区下车并进行相应管理。如果在没有外界帮助下动物无法移动，可以两个人抬起动物放到拖车或其他工具上，并且不要给动物带来其他方面的伤害。如果动物受伤或得病非常严重，在移动时就会给动物带来很大的痛苦，这种情况要采用合适的处理方法结束动物的痛苦（刘绍恒，2017）。

八、屠宰管理

所谓人道屠宰是对动物在宰杀前减少其痛苦与恐惧的情绪，改变屠宰方式，尊重动物的生存权利，促进人与动物的协调发展。从宏观来看，人道屠宰主要是对动物的运输、装卸、等待屠宰和屠宰的过程，采取适合动物的方式，降低动物的心理恐惧与焦虑，屠宰动物最起码准则是宰杀前让动物晕厥，感觉不到痛苦，然后再进行屠宰（刘绍恒，2017）。

由于中国素有消费鲜活家禽的习惯，私屠滥宰的现象较为严重，家禽在国内市场销售，很大一部分是通过集贸市场现宰现卖的形式来实现，目睹同类被宰杀，对于家禽心理造成巨大的惊吓，严重侵害了家禽免受惊吓和恐惧自由的权利。甚至一些屠宰方法十分残忍，如生抠鹅肠，这种将鹅肠从活鹅体内直接抠出来的屠宰方法给鹅带来了极大的痛苦（邹剑敏，2010）。

在等待宰杀之前，管理人员要加强动物健康状况的监控，如果发现有病或者受伤的动物，应当根据实际情况进行相应的处理。处理时要注意在不给动物带来任何痛苦的情况下，把动物转移到隔离区或者伤病区，对于情况较为严重的动物需要进行立即宰杀或者转移到隔离区再进行宰杀。在动物宰杀前，要对其进行静养管理，静养是指在宰杀前要先休息，给动物提供足够的饮水，但不喂食，使动物有足够的休息时间，减少应激反应，这也是提高动物福利的有效措施。静养时间也需要注意，时间过短动物不能很好地适应，也不能有效地缓解疲劳，这不利于宰杀放血，一般静养 1 d，给动物提供足够的饮水，如果是炎热的夏季，还可多休息 1 ~ 2 d。注意在屠宰前几个小时不要给动物喝水（刘绍恒，2017）。

屠宰过程中，致晕是屠宰过程的第一道程序，不恰当的致晕方式会使待宰动物产生狂躁、恐惧等不同的应激反应，这些应激反应会增加 PSE 肉的发生概率（李文峰，2010）。为了使动物迅速失去知觉，可以选用 CO_2 致晕的办法，还要确保动物在被杀前不能苏醒，直到动物放血死去都没有恐惧紧张的心理。运用 CO_2 致晕屠宰工艺使动物昏迷的办法是短暂的，因此要确保致昏时间充足，为使其达到长时间无意识，要将动物赶至 CO_2 致晕间，使动物窒息昏迷，避免动物感受到疼痛恐惧。为保证动物能不痛苦地死亡，在致晕后要立刻放血，这要求工作人员训练有素，操作不迟疑，屠宰的时间在 15 s 内完成，下刀快、准，不能破坏心脏、气管、食管等部位，这能减少淤血、呛嗝和血肉模糊的情况出现（刘绍恒，2017）。

九、配合音乐调控

音乐调控已经作为一种无侵入性的媒介广泛应用于人的心理和生理疾病的治疗中。和谐的音乐旋律能直接改善人的精神状态，转移人的注意力，使人放松，缓解紧张和焦虑的情绪，进而调节呼吸、循环、内分泌系统的生理功能（万红，2004）。音乐对动物也存在着一定的影响作用，对动物的应激水平、生产性能、行为等具有不同程度的影响。

多项研究表明，音乐作为环境富集的一种，可以有效降低动物的应激水平，如听舒缓的音乐能够减少仔猪的争斗行为，提高生产性能，减少应激反应等（李柱，2011）。研究发现，播放《小夜曲》能降低小鼠的促肾上腺皮质激素和去甲肾上腺素水平，降低小鼠的应激反应（胡樱等，2007）。张银生（2007）给仔猪播放《兔子舞》后发现，仔猪心率变异程度降低，交感神经兴奋性降低，应激反应程度减小。同样地，给处于热应激状态下的荷斯坦奶牛播放缓和而优美的古典式音乐（70 ~ 75 dB，1.5 h/d），热应激奶牛的血清酶活性显著降低，说明音乐在缓解奶牛热应激反应方面起到了积极的促进作用（周凌喆等，2009）。另有研究表明，音乐还可以增加内源白介素-1β 的释放，对抗应激反应引发的免疫抑制；对慢性情绪应激的大鼠播放《春之声圆舞曲》可以促进大鼠白介素-1β 的分泌（徐娜等，2011）；音乐的刺激能够引起小鼠 T 淋巴细胞数增加，增殖反应增强，肺部癌细胞减少。这些均表明音乐可以增强应激状态下动物机体的免疫力，缓解由应激导致的免疫抑制，进而提高动物的福利水平（Maria et al.，2002）。

音乐对于改善动物的福利已变得尤为重要。研究表明，音乐能通过促进动物积极情绪的表达来实现动物福利水平的提高，而动物内心的情绪和各种诉求，常常会从行为方面表现出来，因此动物行为也可以作为福利评价的指标（张校军等，2016）。例如，玩耍行为是动物积极情绪的表达，在仔猪玩耍时间播放音乐，可以提高仔猪玩耍行为（Jonge，2008）。古典音乐会降低犬的犬吠行为，增加休息行为。对小鼠播放《小夜曲》能使小鼠处于安静的趴卧状态，攻击行为减少（王金福，2011）。研究结果表明，音乐能改善奶牛在挤奶厅的行为，使其更愿意接近自动挤奶设备，对奶牛的泌乳有积极的作用。

据英国莱斯特大学最近一份报告显示，慢音乐能缓解奶牛的压力，使得产奶量提高3%。音乐可以使人心情愉悦，调动人的情绪，对动物也是如此。研究发现，慢音乐可以使奶牛受到正面的情绪刺激，促使它们分泌出更多、品质更好的乳汁（秦洋等，2020）；黄晓亮等（2007）发现轻音乐刺激能够促进鸡的生产性能，肉鸡日增重显著增加，且料重比较低，但摇滚乐刺激组的肉鸡日增重无显著性变化；另有研究报道，音乐环境下的兔子产毛量能够增加3%（王福金，2011）。殷宗俊等（2000）的研究结果显示，音乐调控能够提高动物平均日增重10.07%，饲料利用率5.76%。研究表明，大提琴演奏的轻音乐能够提高奶牛的产奶量（于世征，2013）。但是音乐的类型和音量大小对动物具有不同的作用效果。猪对音量的耐受极限是120 dB，音量较高时猪的采食量下降。舒缓音乐对动物采食量无影响，但音量高和节奏快的音乐（摇滚乐）会显著降低动物的日增重，增高料重比（Newberry，1995）。

第五节　前景与展望

随着集约化养殖的快速发展，动物心理福利也逐渐被广泛关注，在规模化养殖场中，为了保障动物的心理福利，需要工作人员尽量减少不当的人为操作对动物造成的心理应激反应和饲养、生产管理中的非人道处置。关爱动物，最大限度去减少动物的痛苦，提高动物心理健康水平，能够保障动物心理福利，同时提高动物的健康水平和动物产品品质。

参考文献

布仁，王学理，杨文华，2010. 规模化养猪场猪异常行为 [C] // 中国畜牧兽医学会家畜生态学分会、中国畜牧兽医学会家畜环境卫生学分会 .2010 年全国家畜环境与生态学术研讨会论文集 . 通辽：中国畜牧兽医学会生态学分会理事会、中国畜牧兽医学会家畜环境卫生学分会理事会：132–138.
崔卫国，包军，2004. 动物的行为规癖与动物福利 [J]. 中国畜牧兽医，31（6）：3–5.
崔玮倩，JINHYEON YUN，ANNA VALROS，2018. 产前絮窝行为对母猪分娩和哺乳的益处（综述）[J]. 国外畜牧学（猪与禽），38（8）：10–13.
丁洪发，马科，2019. 鸡啄癖的发生原因、临床表现及防治措施 [J]. 现代畜牧科技（12）：64–65.
冯学文，张志永，2011. 家禽啄癖发生的原因及其预防措施 [J]. 云南畜牧兽医（4）：8–10.
郭丙全，车晓囡，连伟民，等，2017. 购羊与运输过程中的注意事项 [J]. 广东畜牧兽医科技（1）：48–49.
胡樱，许兰文，杨斐，等，2007. 音乐、色彩干预对制动小鼠福利的影响 [J]. 实验动物与比较医学（2）：71–76.
黄晓亮，黄银姬，曹五七，2007. 音乐对肉鸡生长性能的影响 [J]. 中国家禽，29（24）：41–42.
姜冰，林艳艳，2021. 奶业振兴视角下规模化奶牛养殖场动物福利化养殖分析——以黑龙江省 150 个规模化奶牛养殖场为例 [J]. 黑龙江畜牧兽医（10）：17–21.
姜成钢，刁其玉，屠焰，2008. 羊的福利养殖研究与应用进展 [J]. 饲料广角（5）：37–40.
李桂芹，2009. 集约化畜禽养殖动物福利的研究与探讨 [D]. 泰安：山东农业大学 .
李继仁，胡霞玲，2015. 猪人工授精中性行为的缺失与弥补 [J]. 畜牧与兽医，47（9）：52–55.
李晶，顾宪红，2008. 猪的异常行为与其福利水平 [J]. 中国畜牧兽医，35（7）：141–145.
李青春，王大宇，2008. 动物福利对肉品质量的影响 [J]. 内蒙古民族大学学报，14（4）：95–97.
李文峰，洪镭，刘亚欧，等，2010. PSE 猪肉的产生及预防 [J]. 肉类研究（7）：12–14.
李振清，2007. 奶牛的恶癖及其预防 [J]. 中国奶牛（5）：60.
李柱，2011. 音乐和玩具对断奶仔猪福利水平的影响 [D]. 北京：中国农业科学院 .
刘洪贵，2013. 不同福利措施及品种对母猪的行为、生理、免疫、健康及生产性能的影响 [D]. 哈尔滨：东北农业大学 .
刘静，2017. 改善肉羊养殖动物福利，提高肉品质量安全 [J]. 中国畜禽种业，13（1）：19.
刘绍恒，2017. 生猪的商业化屠宰工艺及其福利措施 [J]. 中国畜牧兽医文摘，33（4）：9.
吕晶，2015. 早期社会环境对犊牛情感和福利状况的影响 [D]. 哈尔滨：东北农业大学 .
秦洋，温烃，侯英梁，等，2020. 浅谈规模化奶牛养殖福利 [J]. 当代畜禽养殖业（11）：37–39.
尚菲，2015. 浅谈羊的运输应激反应原因及对策 [J]. 今日畜牧兽医（8）：58–59.
孙福昱，赵卿尧，赵广永，等，2020. 热应激对不同生长阶段荷斯坦奶牛异常行为的影响 [J]. 中国畜牧杂志，56（11）：162–167.
汤建立，吴永继，王树中，等，2018. 中药添加剂与动物福利相结合在健康养殖中的应用 [J].

动物医学进展，39（6）：100–103.
屠焰，许先查，刁其玉，2018. 犊牛行为及其与饲养方式的关系 [J]. 中国乳业（8）：51–57.
万红，2004. 音乐疗法的应用现状 [J]. 护理研究（19）：1702–1703.
王灿军，2019. 肉羊异食行为的预防措施 [J]. 畜牧兽医科技信息（1）：48.
王长平，程广东，朱德全，等，2009. 浅谈家兔不同行为的意义 [J]. 吉林农业（12）：42.
王福金，詹红微，李慧玲，等，2011. 不同音乐环境对小鼠生长发育的影响 [J]. 中国比较医学杂志，21（1）：83–86.
王贵，陈艳君，梁永厚，等，2020. 巴彦淖尔地区肉羊繁育福利化研究 [J]. 当代畜牧（5）：16–19.
王立贤，乔莉娟，董敏，2005. 猪的福利和福利养猪 [J]. 中国猪业（2）：14–16.
王振华，王秀梅，2003. 公牛求偶叫声对母牛生殖行为的影响 [J]. 宁夏农林科技（3）：34–35.
吴晓宏，付利芝，张素辉，等，2015. 中西药组合对山羊运输应激的防治 [J]. 养殖与饲料（11）：17–19.
辛春艳，付浩，魏通，等，2015. 肉牛专用运输车降低运输应激效果试验 [J]. 中国牛业科学（3）：47–51.
徐娜，刘现兵，2011. 音乐干预对慢性情绪应激大鼠免疫功能的影响 [J]. 华北煤炭医学院学报，13（4）：457–459.
杨景晁，马云蕾，2020. 浅谈动物福利问题 [J]. 中国畜牧业（5）：25–26.
杨雪，2020. 肉羊福利化饲养措施 [J]. 当代畜禽养殖业（6）：47, 58.
叶尔兰·谢尔毛拉，帕娜尔·依都拉，高维明，等，2018. 绵羊剪毛时的福利问题 [J]. 吉林畜牧兽医（8）：49–50, 53.
殷宗俊，刘有水，2000. 音乐刺激对断奶仔猪行为和生长的影响 [J]. 家畜生态学报，21（3）：19–21.
尹国安，孙国鹏，2013. 农场动物福利的评估 [J]. 家畜生态学报，34（5）：6–10.
于世征，2013. 音乐类型和音量对断奶仔猪福利水平的影响 [D]. 北京：中国农业科学院 .
袁瑜璟，张迪，林德贵，2015. 动物心理与心理疾病 [C]// 中国畜牧兽医学会小动物 学分会、西南宠物医师联合会第四届西南宠物医师大会暨第九届中国畜牧兽医学会小动物医学分会学术交流大会论文集 . 贵阳：贵州小动物医师协会：247–250.
张红，万发春，陈东，等，2020. 肉牛福利养殖的研究进展 [J]. 中国畜牧业（14）：53–54.
张婷，张鑫，郭延顺，等，2016. 三种猪用动物福利玩具在生产中的试验研究 [J]. 猪业科学，33（8）：51–53.
张校军，顾宪红，2016. 音乐对动物福利水平的影响 [J]. 家畜生态学报，37（3）：78–81.
张银生，2007. 音乐对心率变异性影响的研究 [D]. 南京：南京农业大学 .
张仔堃，滕乐帮，吕永艳，等，2020. 奶牛福利化养殖 [J]. 家畜生态学报，41（6）：85–87, 91.

章红兵，2002. 集约化猪场猪异常行为的发生原因及防制措施 [J]. 家畜生态，23（3）：62–63.

赵卿尧，孙福昱，顾宪红，2021. 荷斯坦奶牛异常行为与其产奶性能的关联性分析 [J]. 中国畜牧杂志，57（7）：261–266.

赵硕，张国平，阿丽玛，等，2018. 中国肉羊运输环节动物福利的规范研究 [J]. 家畜生态学报，39（8）：76–80.

郑明义，单留江，王焕，2015. 肉羊长途运输过程中的注意事项 [J]. 畜禽业（6）：24–25.

周凌喆，曹艳春，钮慧敏，等，2009. 音乐对热应激奶牛血清酶活性的影响 [J]. 动物医学进展，30（3）：47–49.

周鑫宇，杨君香，黄文明，等，2010. 对我国规模奶牛养殖模式的思考 [J]. 中国畜牧杂志，46（12）：35–41.

邹剑敏，2010. 家禽福利的研究进展 [J]. 中国畜牧兽医，37（10）：232–237.

邹昕羽，CHENG HENGWEI，金美兰，等，2021. 微生物–肠–脑轴调控蛋鸡应激性异常行为的研究进展 [J]. 动物营养学报，33（4）：1859–1868.

ANDREW M J，LENE J P，LOTTA R，et al.，2003. Relation between early fear– and anxiety–related behaviour and maternal ability in sows[J]. Applied Animal Behaviour Science，82（2）：121–135.

BAO J，WANG C，LV J，et al.，2013. Behavior and performance in primiparous sows of two Min pig hybrid breeds in outdoor housing systems[J]. Applied Animal Behaviour Science，146（1–4）：37–44.

BLACKSHAW J K，BLACKSHAW A W，MCGLONE J J，1998. Startle–freeze behaviour in weaned pigs[J]. International Journal of Comparative Psychology，11（1）：30–39.

BOISSY A，MANTEUFFEL G，JENSEN M B，et al.，2007. Assessment of positive emotions in animals to improve their welfare[J]. Physiology & Behavior，92（3）：375.

BREUER K，COLEMAN G J，HEMSWORTH P H，1998. The effect of handling on the stress physiology and behaviour of non–lactatingheifers[C]//The australian society for the study of animal behaviour. Proceedings of the Australian society for the study of animal behaviour，29th annual conference palmerston north，New Zealand：Institute of Natural Resources，Massey Univesity：8–9.

BROOM D M，1991. Assessing welfare and suffering[J]. Behavioural Processes，25（2–3）：117–123.

BURMAN O H P，PAUL E S，MENDL M，2010. An integrative and functional framework for the study of animal emotion and mood[J]. The Royal Society Proceedings，277（1696）：2895–2904.

CAROLINE V T，SIGNORET J P，1992. Pheromonal transmission of an aversive experience in domestic pig[J]. Journal of Chemical Ecology，18（9）：1551–1557.

DAVIS M，RAINNIE D，CASSELL M，1994. Neurotransmission in the rat amygdala related to fear and anxiety[J]. Trends in Neurosciences，17（5）：208–14.

DAVID M L，1989. Individual differences in temperament of dairy goats and the inhibition of milk ejection[J]. Applied Animal Behaviour Science，22（3–4）：269–282.

DESIRE L，BOISSY A，VEISSIER I，2002. Emotions in farm. animals：a new approach to animal welfare in applied ethology[J]. Behavioural Processes，60（2）：165–180.

EDGAR J L，LOWE J C，PAUL E S，et al.，2011. Avian matemnal response to chick distress[J]. Proceedings Biological Sciences，278（1721）：3129.

FAROUK M M，PUFPAFF K M，AMIR M，2016. Industrial halal meat production and animal welfare：A review[J]. Meat Science，120：60–70.

FERRÉ P，FERNÁNDEZ–TERUEL A，ESCORIHUELA R M，et al.，1995. Behavior of the Roman/Verh high– and low–avoidance rat lines in anxiety tests：relationship with defecation and self–grooming[J]. Physiology & Behavior，58（6）：1209–1213.

GREGORY N C，WILKINS L J，1989. Broken bones in domestic fowl：handing and processing damage in end–of–lay battery hens[J]. British Poultry Science，30：555–562.

HATFIELD E，CACIOPPO J T，RAPSON R L，2010. Emotional Contagion[J]. Current Directions in Psychological Science，2（3）：96–100.

HELD S D E，SPINKA M，2011. Animal play and animal welfare[J]. Animal Behaviour，81（5）：891–899.

HELD S，COOPER J J，MENDL M T，2009. Advances in the Study of Cognition，Behavioural Priorities and Emotions[M]. Dordrecht：Springer Netherlands.

JENSEN M B，DUVE L R，2012. Social behavior of young dairy calves housed with limited or full social contact with a peer[J]. Journal of Dairy Science，95（10）：5936–5945.

JENSEN P，1988. Diurnal rhythm of bar–biting in relation to other behaviour in pregnant sows[J]. Applied Animal Behaviour Science，21（4）：337–346.

JEREMY N，2002. Marchant Forde.Piglet– and stockperson–directed sow aggression after farrowing andthe relationship with a pre–farrowing，human approach test[J]. Applied Animal Behaviour Science，75（2）：115–132.

JONGE F H，BOLEIJ H，BAARS A M，et al.，2008. Music during playtime：using context conditioning as a tool to improve welfare in piglets[J]. Applied Animal Behaviour Sciience，115（3–4）：138–148.

LAWRENCE A B，PETHERICK J C，MCLEAN K A，et al.，1994. The effect of environment on behaviour，plasma cortisol and prolactin in parturient sows[J]. Applied Animal Behaliour Science，39（3–4）：313–330.

LEDOUX J E，1995. Emotion：clues from the brain[J]. Annual Review of Psychology，46：209–235.

MARIA J N, PAULA M, DAVID L, et al., 2002. Music, immunity and cancer[J]. Life Sciences, 71 (9): 1047–1057.

MENDL M, PAUL E, 2004. Consciousness, emotion and animal welfare: insights from cognitive science[J]. Animal Welfare, 13 (1): 17–25.

MITTWOCH–JAFFE T, SHALIT F, SRENDI B, et al., Modification of cytokine secretion following mild emotional stimuli[J]. Neuroreport, 6 (5): 789–92.

NEWBERRY R C, 1995. Environmental enrichment: Increasing the biological relevance of captive environments[J]. Applied Animal Behaviour Science, 44 (2–4): 229–243.

OHL F, 2003. Testing for anxiety[J]. Clinical Neuroscience Research, 3 (4–5): 233–238.

PAUL E S, HARDING E J, MENDL M, 2005. Measuring emotional processes in animals: the utility of a cognitive approach[J]. Neuroscience & Biobehavioral Reviews, 29 (3): 469–491.

PETROSUS E, SILVA EDIANE B, LAY D, et al., 2018. Effects of orally administered cortisol and norepinephrine on weanling piglet gut microbial populations and Salmonella passage[J]. Journal of animal science, 96 (11): 4543–4551.

REED H J, WILKINS S D, AUSTIN S D, et al., 1993. The effect of environmental enrichment on fear reactions and depopulationtrauma in adult caged hens[J]. Applied Animal Behaviour Science, 36 (1): 39–46.

ROGER P A, 2012. Welfare issues in the reproductive management of small ruminants[J]. Animal Reproduction Science, 130: 3–4.

SANDEM A I, JANCZAK A M, SALTE R, et al., 2006.The use of diazepam as a pharmacological validation of eye white as an indicator of emotional state in dairy cows[J]. Applied Animal Behaviour Science, 96 (3–4): 177–183.

SELZER D, HOHMANN G, BEHRINGER V, et al., 2012. Stress affects salivary alpha–Amylase activity in bonobos[J]. Physiology & Behadvior, 105 (2): 476–482.

TAKASHI Y L, 2018. Functions of medial hypothalamic and mesolimbic dopamine circuitries in aggression[J]. Current Opinion in Behavioral Sciences, 24: 104–112.

UETAKE K, HUMIK J F, JOHNSON L, 1997. Effect of music on voluntary approach of dairy cows to an automatic milking system[J].Applied Animal Behaviour Science, 53 (3): 175–182.

WELLS D L, GRAHAM L, HEPPER P G, 2002. The influence of auditory stimulation on the behavior of dogs in a rescue shelter[J]. Animal Welfare, 11 (4): 385–393.

WELLS D, COLEMAN D, CHALLIS M G, 2006. A note on the effect of auditory stimulation on the behaviour and welfare of zoo–housed gorillas[J]. Applied Animal Behavior Science, 100(3): 327–332.

WIDOWSKI T M, CURTIS S E, 1990. The influence of straw, cloth tassel, or both on the prepartum behavior of sows［J］. Applied Animal Behaviour Science，27（1–2）：53–71.

WISCHNER D，KEMPER N，KRIETER J，2009. Nest–building behaviour in sows and consequences for pig husbandry[J]. Livest ock Science，124（11）：1–8.

WOOD D G M，VESTERGAARD K，1991. The seeking of novelty and its relation to play[J]. Animal Behaviour，42（4）：599–606.

WRONA D，KLEJBOR I，TROJNIAR W，2004. Chronic electric stimulation of the midbrain ventral tegmental area increases spleen but not blood natural killer cell cytotoxicity in rats[J]. Journal of Neuroimmunology：Official Bulletin of the Research Committee on Neuroimmunology of the World Federation of Neurology，155（1–2）：85–93.

YUN J，SWAN K M，VIENOLA K，et al.，2013. Nest–building in sows：effects of farrowing housing on hormonal modulation of maternal characteristics[J]. Applied Animal Behaviour Science，148（1–2）：77–84.

第五章
动物营养需求与调控

第一节　动物的营养需要

动物营养学不仅要研究阐明不同种类动物需要的营养物质的种类和作用，而且还要研究阐明各种营养物质的需要量。营养需要与饲养标准通常是由动物营养学家通过大量的科学研究而得出的具有规律性的成果，是合理配制日粮的依据，也是动物饲养实践的科学指南。营养需要是指畜禽在维持正常生命健康、正常生理活动和保持最佳生产水平时，在适宜的环境条件下，个体每天需要的能量、蛋白质、矿物质和维生素等营养指标的最有效数量。营养需要一般是指群体营养需要的平均值，不同的研究者可能给出动物的不同营养需要量的数值（程伟等，2014）。动物种类、品种、年龄、性别、生理机能、生产目的、生产性能和环境条件等的不同会影响营养需要量的数值。例如，最低需要量，为预防和纠正某种养分的缺乏或不足症，动物每天必须获得的最起码的养分量；次适需要量，养分的供给虽不足以使动物产生明显的临床缺乏表现，却能严重影响生产性能；适宜需要量，使动物饲料利用最充分，生产处于最佳状态或可获得最佳经济效益时的养分需要量；供给量，在适宜需要量的基础上再加上一定的保险系数（安全系数），即得到此供给量。

营养需要的指标随着动物营养学的发展而由粗到细，由简到繁；营养需要的指标应包括采食量、能量、蛋白质、必需氨基酸、维生素、必需矿物元素和必需脂肪酸等；能量指标又可分为消化能、代谢能和净能；蛋白质可分为粗蛋白质（CP）和可消化粗蛋白质（DP）（卢德勋，2021）。营养需要的表达方式通常可按个体每天需要量、单位日粮中营养物质浓度、单位能量中的养分含量、体重或代谢体重和生产力（动物的营养需要与生产力成正比）来表示。动物的营养需要量可通过多种方法进行测定，包括饲养试验、平衡试验、屠宰试验以及生物学测定方法，通常使用析因法、综合法和生理效应法进行测定。

第二节　动物的营养调控技术

动物营养调控学是20世纪90年代兴起的一门学科。在我国畜牧业生产规模不断扩大和集约化程度不断提高的情况下，充分运用动物的营养调控技术，最大限度地提高动物对营养物质的利用率，减轻环境因素对动物的应激，解决畜禽产品公害和减少畜禽对环境污染问题被日趋热点化。随着人们生活水平的提高和畜禽产品的丰富，畜禽肉品质的问题越来越引起人们的关注。因此，营养调控及关键技术的研究成为动物营养界的研究热点。动物营养调控技术在动物营养上的应用对促进我国畜牧业的持续、快速、健康发展具有十分重要的意义。

一、动物营养调控与畜禽健康

动物的生长发育、繁殖及免疫系统发生等过程都需要营养物质来支撑，营养一旦缺乏或失衡便会引起畜禽生长缓慢、免疫力下降等症状，所以合理的饲料结构是保证畜禽健康生长的前提。

1. 蛋白质

蛋白质作为功能基因表达的产物，可直接或间接参与机体内各种生命代谢活动的调控。蛋白质与能量饲料同时作为饲料的主体，当以合适的比例混合时，在平衡饲料营养、提高饲料转化率和降低料重比与养殖成本等方面，其效果较好。动物性蛋白饲料具有十分丰富的营养成分，其粗蛋白质含量达50%左右，有较高的营养价值和利用价值，且其中矿物质含量配比平衡，钙和磷含量比普通植物性蛋白饲料高出许多（刘靖等，2009）。相比动物性蛋白，植物性蛋白具有种类繁多、价格便宜、适口性好及消化率高等优点，常用的有豆粕、棉籽粕、菜籽粕及淀粉工业副产品等（刘明美，2012）。

2. 矿物质

矿物质元素是动物体生长生产过程中不可或缺的营养物质，是畜禽器官构成的重要组成部分，在维持动物机体内酸碱平衡、渗透压平衡、维持肌肉正常功能、促进骨骼肌发育和提高动物生长速度等方面，发挥着不可替代的作用。同时，它还是酶的辅基成分、转录因子的辅助因子，直接参与机体的生命体活动（蒙洪娇等，2016）。微量矿物质对动物的繁殖性能具有积极影响（付亚楠等，2018）。研究表明，添加矿物质微量元素可极显著提高牛乳中乳蛋白和乳脂含量，可一定程度上改善奶牛的健康状况（张彩霞等，2017）。

3. 维生素

动物机体对维生素需要量很小，且不能合成或合成量极少，需要从外界获得以及参与动物机体代谢、免疫和应激等过程。合理使用维生素可以有效地减少动物疾病的发生、加快其生长速度、提高饲料报酬和畜产品品质。例如，在日粮中补充充足的维生素 A 可以增强畜禽抗病力和疫苗的保护效应（冉智明等，2018）；维生素 C 的添加可以降低热应激对畜禽的危害，改善畜禽生产性能和提高肉品质（石凤霞等，2016）。

4. 饲料添加剂

安全高效、新型绿色、无残留且不产生抗药性的新型饲料添加剂在畜禽饲料中被广泛应用，成为一种新型抗生素替代品。有研究表明，植物提取物可以促进仔猪消化吸收和生长发育，提高其营养物质代谢并能缓解应激（崔艺燕等，2018）。另外，酶制剂在反刍动物生产中的研究主要集中在提高饲料降解、影响瘤胃发酵、促进营养物质消化和提高生产性能等方面。例如，添加外援纤维素酶可在不改变肉羊瘤胃内发酵类型的情况下改善瘤胃微生物发酵（李燕，2013）。

二、准确评定饲料原料的营养价值

畜禽饲料营养价值数据库的建立是畜牧养殖生产中关键的一步，准确地评定畜禽饲料原料营养价值指标可以有效合理地配制畜禽日粮，方便快捷地优化日粮配方，一定程度上避免了饲料能量的浪费，提高畜禽养殖的经济效益。

畜禽饲料生物学效价评定是畜禽养殖营养学研究的核心，准确而客观地评定畜禽饲料营养价值是确定畜禽养殖过程中准确营养需要量的重要依据，同时也是优化畜禽养殖饲料配方、降低畜禽养殖成本和节能减排的重要理论和方式。畜禽饲料原料营养价值的评定方法主要包括以下几种：化学分析法；消化试验法（全收粪法、指示剂法、尼龙袋法、离体消化试验法）；平衡试验法；饲养试验法；屠宰试验法（张宏福等，2011）。

在单胃动物生产中，饲料占总成本的65% ~ 70%（Woyengo et al.，2014），饲料质量至关重要。通常情况下，猪、鸡配合日粮以谷物和饼粕类蛋白饲料（玉米、小麦和豆粕）为主要原料。近年来，迫于口粮、工业用粮与饲料粮的竞争，为提高成本效益，动物营养学家和饲料工业使用大量替代原料，如来自谷物和油籽加工的副产品。受不同农艺条件、遗传组成和加工技术影响，无论传统饲料原料还是农工副产品，种间和种内养分含量差异都很大（Utsav et al.，2016）。即便是相同来源的原料，不同批次间也如此。为配制均衡日粮，使动物达到理想的生产性能，有必要建立饲料营养价值日常评定技术（赵景鹏等，2019）。

在传统意义上，饲料营养价值评定是对可消化或可代谢养分的量化。为使单体原料的营养参数在配制全价混合日粮时更具可加性，学术界就饲料有效氨基酸、有效磷和有效能评价分别提出了标准回肠氨基酸消化率（SID）、全肠道标准磷利用率（STTD）和净能（NE）理念（Franco et al.，2000），并统一了测定标准，包括动物管理、样品采集与送检、内源氮损失和内源磷排泄定量以及热增耗（HI）、维持净能（NEm）、生产净能（NEp）的分析，以解决不同来源的数据差异大、可比性差、无法应用于生产实践的问题。目前，这方面的评价工作主要围绕能量饲料（玉米、小麦、大麦等）和蛋白质饲料（豆粕、棉粕）展开，其中不乏对原料类型、产地、年份、干燥、储存、加工（去壳、粉碎、制粒等）等环境条件影响的探究与比较。今后还应考虑动物品种和日龄特异性，进一步细化和充实饲料原料数据库。

农工副产品富含动物难以消化的非淀粉多糖（NSP），它们类型多样，只有借助微生物才能降解。随着非常规原料在猪、鸡日粮中的用量越来越大，这些纤维成分的功能特性引起广泛关注。例如，纤维在后肠发酵产生挥发性脂肪酸（VFA），包括乙酸、丙酸和丁酸。乙酸通过主动运输到达脂肪组织和骨骼肌，合成脂肪酸或氧化供能。丙酸进入肝脏，经糖异生作用以糖原形式贮存。丁酸是结肠上皮细胞的主要能量来源，具有促生长、促分化、提高免疫力的作用。利用从猪肠道分离的细菌，已有学者研究了去壳大麦或燕麦、扁豆、菜籽加工副产品等替代原料的体外发酵参数（Williams et al.，2005），包括产气、产物和动力学特征。

三、精准营养饲喂

（一）阶段性调整营养供给，满足动物营养需要

在动物生产中，所谓多阶段饲喂法，其基本原理是增加饲料配方改变次数，使饲料营养水平随着动物的生理需求而变化，从而使饲料营养更能满足动物的营养需要，以期达到精准饲养的目的。在动物的生长发育过程中，其生长一般呈现“S”形曲线渐进增长，其实际的营养需要量随每天的生长发育而发生变化，如果按照动物每天营养需要去提供日粮，在提高动物生产性能

的同时也提高了饲料利用效率。但在实际生产中很难做到，这样会使饲料的配制、贮存和管理以及饲养的管理成本增加，得不偿失（Pomar et al.，2014）。因此在动物生产中进行阶段划分，将动物的生长发育期划分成多个阶段，不同阶段配给不同营养，以期尽可能满足动物的营养需要。在匹配动物饲养标准的同时，建立理想生长与营养需要的估算模型，这样既能满足营养需要，又能减少营养物质的排放量，提高饲料利用效率，从而提高动物生产的经济效益和环境效益。

（二）精准营养技术成功应用的因素

应用精准营养技术的用户必须了解他们畜禽养殖场的潜在决策流程以及这些流程对盈利能力影响的持续性。在多数情况下，应用该技术主要涉及动物因生长阶段和生存环境的不同，对营养的需求也呈现动态变化。因此，在应用精准营养技术的过程中，掌握动物对营养需要的变量并制定相应的营养投入至关重要。而为了对动物的营养需要有更精确的理解，将迫使畜牧生产者将许多科学原理整合到一起，以便相应地调整日粮营养素的供给量及其供给浓度。精准营养指应用传统营养的研究成果及动物营养相关领域的成果满足在特定条件下、保持在最大精确度下的特定动物群体的独特营养需求（杨海天等，2018）。为此，必须满足以下原则：一是使用精确的营养成分满足动物对营养的需求；二是正确使用添加剂，如酶、益生元、益生菌、抗氧化剂、霉菌抑制剂和其他饲料添加剂；三是开发饲料资源和对动物进行遗传改良；四是减少饲料中的有毒有害物质及抗营养因子；五是使用改进的饲料及饲料加工技术，以提高养分利用率。

（三）肉羊生产精准营养技术的几个关键缺失

1. 缺乏对养殖肉羊准确营养需要量的认识

我国是肉羊传统生产大国，绵羊、山羊地方品种繁多，但系统性、精准化的饲养标准缺乏，现有的肉羊营养需要量标准是2021年农业农村部颁发的行业标准（NY/T 816—2021）。每个类群的营养需要量有体重、增重和泌乳量的细分，日粮供给设计者仅依照“标准”来设计日粮几乎是不可能的。

肉羊属于反刍动物，具有复杂的瘤胃消化系统，加之放牧和舍饲的不同饲养方式、采食日粮的复杂性，使得肉羊营养在很大程度上处于“灰箱”状态，难以如猪禽营养一样有较明晰的“理想氨基酸模式”或“净能-低蛋白日粮模式”。饲料转化率或料重比是精准营养的主要指标，在《肉羊饲养标准》（NY/T 816—2021）中，列出了日干物质采食量和日增重，日干物质采食量除以日增重即饲料转化率或料重比，以“标准”中的育肥羊为例，绵羊的干物质饲料转化率高至 15∶1（50 kg 育肥绵羊日增重 0.1 kg），低至 2.22∶1（20 kg 育肥绵羊日增重 0.45 kg）；山羊的干物质饲料转化率无上限，因为每个体重阶段都出现有采食无增重的现象，而有增重的干物质饲料转化率高至 14∶1（30 kg 育肥山羊日增重 0.05 kg），低至 3.55∶1（15 kg 育肥山羊日增重 0.2 kg）。饲料转化率的明显差异源于日粮干物质所具有营养水平的高低差异，高营养浓度（高能、高蛋白）日粮获得良好的料重比和日增重；反之，低营养浓度（低能、低蛋白）日粮获得高的料重比和低增重，甚至无增重。

由于肉羊以采食青绿多汁饲草和秸秆类饲料为主，所采食的绝对数量和体积较精粗搭配的混合日粮大很多，但因前者为低营养浓度日粮，即吃得多、料重比高，生产性能不一定好，从这点看，肉羊生产也需要精准营养。事实上，高效肉羊生产是要消耗高营养浓度的日粮，而粮食及其副产物较之饲草而言属于高营养浓度的日粮。瘤胃微生物可以消化全部的非结构性碳水化合物，但不能消化全部的结构性碳水化合物，如果日粮中的结构性碳水化合物较多，肉羊采食的必需营养不充足，势必会影响生产水平，所以肉羊日粮搭配一定比例的精料是必需的，这部分精料即粮食性饲料。

2. 缺乏对饲料添加剂产品应用的准确认识

与猪、禽、水产饲料一样，肉羊饲料也需要添加矿物质饲料添加剂、维生素饲料添加剂和氨基酸饲料添加剂。矿物质常量元素和微量元素对肉羊生长、健康、代谢等具有调控作用，其在肉羊瘤胃内的含量水平微量且重要，明确矿物质元素在肉羊瘤胃内的适宜水平，可有效避免肉羊部分疾病的发病，提高生产价值（表 5-1）。此外，为了控制瘤胃代谢酸中毒和瘤胃 pH 值，增加十二指肠非降解饲料蛋白及微生物蛋白的流量，通过降低甲烷的排放和供给更多的葡萄糖及脂肪酸，从而提高能量供应，达到改善肉羊营养状况及其产品品质的目的。肉羊饲料中还可以添加离子载体（主要包括莫能菌素，又称瘤胃素、拉沙里菌素和泰乐菌素等）、酶制剂（纤维素酶等）、壳聚糖、植物提取物（皂角苷、单宁和植物精油等）和饲用微生物（又称益生素，主要有酵母菌、乳酸菌、芽孢杆菌、米曲霉）等添加剂（彭华等，2010）。这些添加剂大部分功能相似，哪些为必需添加剂、哪些为非必需添加剂、哪些具有累加性、哪些具有拮抗性、哪些为非反刍动物专用，应该搞清楚，不能仅凭产品说明书的宣传来判断，有的饲养人员甚至不问对象、不管用量地乱用，既增加养殖成本，又会出现负功效。

表 5-1 瘤胃内适宜矿物质元素水平（陈国旺，2022）

项目	矿物质元素	推荐水平	供给不足
常量元素	钾（g/L）	0.5 ~ 1.5	—
	纳（g/L）	0.5 ~ 1.5	—
	钙（mg/L）	10 ~ 40	骨骼类疾病，母羊产后瘫痪、抽搐等
	镁（mg/L）	2 ~ 25	肌肉收缩困难，机体代谢机能紊乱，抽搐现象
	磷（mg/L）	100	繁殖机能障碍，新生羔羊体质虚弱
微量元素	铁（mg/L）	1 ~ 10	贫血，降低机体免疫力
	锰（mg/L）	1 ~ 10	—
	锌（mg/L）	0.2 ~ 1.0	免疫机能下降，繁殖机能障碍，背毛凌乱、脱毛
	钴（mg/L）	0.1 ~ 0.5	—
	铜（mg/L）	0.01 ~ 0.25	心肌萎缩，生产性能下降，背毛暗淡无光泽
	钼（mg/L）	1 ~ 10	—
	碘（mg/L）	—	—

3. 缺乏精细化的加工方式

肉羊饲料的加工方式有很多，有化学、物理、微生物等，具体包括青贮、氨化、搓揉、剪切、压扁、包被等方式。但这些都是针对某一种或某一类饲料原料而运用的，其目的无外乎是提高饲料的适口性和改善饲料的消化利用率，最有效的方法是将粗饲料的加工调制与营养调控型补饲结合起来，进行整体调控，即全混合日粮（TMR）的生产方式。TMR 相当于猪禽的全价配合饲料，主要优点如下。一是营养均衡。将所有饲料原料及添加剂按比例混合成能满足动物营养需要的一种日粮，有效地避免了动物因为挑食而造成的营养不良，从而提高饲料转化率，减少动物消化道疾病和精料采食过多造成瘤胃不适。二是能够充分利用当地的饲料资源。主要是地方性粗饲料资源，大部分地域性粗饲料不宜贮存、加工和运输，如多汁类和价值较低的秸秆类饲料原料，适宜就地饲喂，以 TMR 的形式，还能改善饲料的适口性。三是节省劳动力。把多种饲料分别饲喂的劳动变为只喂一种日粮（即 TMR），饲喂的劳动量自然大幅度下降。四是保障肉羊安全生产。牧草型全混日粮技术是一种高效配合技术，能高效地利用每种牧草特性，有效控制饲料成本，同时也避免了农药、兽药、饲料添加剂、动物激素、动物源性饲料等的滥用现象（王晓光等，2011）。这项技术在奶牛中的推广已经达到我国奶牛头数的 50% 以上，肉牛中也在逐渐推广。而在山羊养殖中，由于我国肉羊生产业主要以养殖户和小养殖场为主，其规模小、饲养量少、难以采用（张磊等，2014）。如云南这样的山地高原地区，以饲养山羊为主，即使有TMR机，也因混群或者群体数量小而少有应用。

第三节　反刍动物集约化养殖的营养调控技术

一、肉羊集约化养殖的营养调控

（一）肉羊蛋白质代谢的营养调控

肉羊的蛋白质代谢，因受瘤胃发酵的影响，其蛋白质消化代谢与单胃动物明显不同。以母羊为例，其在羔羊期和成年期对蛋白质的需求量有很大差异，针对具体阶段采取准确的营养调控手段，对肉羊的生长育肥和妊娠产羔具有重要意义（表5-2）。影响反刍动物蛋白质代谢的因素主要有以下几个方面。瘤胃微生物发酵与微生物蛋白质的合成；过瘤胃饲料蛋白质的氨基酸组成；瘤胃微生物氨基酸的组成；进入小肠氨基酸的数量；微生物蛋白和过瘤胃蛋白（UDP）的消化与吸收；寡肽的吸收与利用。针对反刍动物消化代谢的特点，蛋白质营养的目标就是用最少的饲料蛋白质来满足瘤胃微生物最佳合成效率所需的瘤胃降解蛋白（RDP），并且使动物表现出理想的生产性能。

表5-2　母羔及成年母羊阶段营养调控方案（张春香，2011）

各阶段	能量水平	蛋白质含量和品质
出生0～14周	根据日增重确定	蛋白质含量高且优质
配种前6个月	1.1～1.2倍维持	维持
配种前10～14 d	1.3～1.5倍维持	蛋白质含量高且优质
妊娠0～50 d	维持	维持优质
妊娠51～100 d	1.1倍维持	稍高于维持
妊娠101～135 d	1.3～1.5倍维持	优质
妊娠136～150 d	稍高于维持且低钙	优质
泌乳0～3 d	维持（优质青干草）	维持
泌乳7～30 d	1.2～1.5倍维持	优质

1. 粗蛋白质水平的营养调控技术

粗蛋白质水平的营养调控技术本质是指建立在降解和非降解蛋白以及可吸收蛋白质新体系基础上的营养调控技术。如果瘤胃能氮平衡的结果为零，则表明平衡良好；如为正值，则说明能量多余，这时应增加 RDP，如为负值，则说明应增加能量，使之达到日粮的能氮平衡。

研究表明，在绵羊 1.2 倍维持饲养水平条件下，当日粮中 UDP 与 RDP 的比例为 0.5 ~ 0.7 时，对绵羊瘤胃的发酵调控最为理想，有利于纤维物质的降解（王宝亮等，2015）。由此可见，在反刍动物日粮设计时，必须考虑 UDP 与 RDP 的比例，在保证满足瘤胃微生物对可降解氮源需要的前提下，采取一些过瘤胃保护技术（如甲醛处理、血粉包被技术），使日粮中的蛋白质尽量安全通过瘤胃而进入真胃及后肠道，提高蛋白质饲料的利用效率。

2. 氨基酸水平的营养调控技术

氨基酸水平的营养调控技术实质是指建立在小肠可消化氨基酸新体系基础上的营养调控技术，前提是瘤胃微生物氨基酸、饲料 UDP 中氨基酸的组成与数量及其在小肠的消化率。

目前比较理想的调控途径是，在已确定了反刍动物不同氮源日粮条件下的瘤胃微生物蛋白质产量、过瘤胃饲料蛋白质数量、进入十二指肠的总氨基酸组成模式以及它们各自消化率的基础上，根据其小肠理想氨基酸平衡模式和不同日粮条件下氨基酸限制性顺序，来设计反刍动物的实用日粮配方，使反刍动物的生产性能和饲料利用率达到最优。例如，通过控制瘤胃原虫种类与数量，不仅可以提高绵羊对低质粗饲料的利用效率，而且可以使进入后肠道的氨基酸接近理想氨基酸平衡模式（韩春艳，1999）。

3. 非蛋白氮（NPN）的营养调控技术

反刍动物对 NPN 的利用，包括内源尿素氮和来自日粮的 NPN。研究表明，给绵羊和牛饲喂低质干草时，内源尿素氮可以提供瘤胃微生物所需可利用氮的 25%，正是因为内源尿素氮的持续供给，即使是在日粮氮不足的情况下，亦能保持瘤胃微生物对纤维饲料的消化（胡骏鹏，2004）。根据近年来有关反刍动物对尿素利用的研究进展可知，提高反刍动物对尿素利用效率的营养调控技术（马陕红，2006）主要包括以下几个方面。一是分解尿素瘤胃细菌活性的调节。通过调节瘤胃内尿素分解菌的活性，使尿素在瘤胃内缓慢分解，才有可能使反刍动物对尿素的利用效率提高。二是在日粮中添加脲酶活性增强剂。当日粮中蛋白质含量很低而又未添加尿素时，可以通过增强脲酶的活性，来提高瘤胃对尿素氮的再循环。三是脲酶活性抑制剂。当日粮中已添加尿素，为使尿素在瘤胃内被微生物缓慢分解，可以考虑适当添加脲酶活性抑制剂以避免瘤胃内氨氮浓度的急剧升高。四是化学合成缓释尿素。缓释尿素比普通尿素释放氨的速度要慢，可以提高瘤胃微生物对它们的利用效率。

（二）母羊繁殖性能的营养调控技术

营养状况直接影响着母羊的繁殖潜力、发情、排卵、受胎及羔羊成活率。母羊的营养缺乏或不平衡会推迟母羊的发情、减少母羊的排卵数量、降低母羊受胎率、降低羔羊的初生质量和生活力，甚至会出现死胎等。通过营养调控技术降低繁殖母羊饲养成本，提高其繁殖效率，达到提高母羊生产经济效益的目的（表 5–3）。

表 5–3　增强母羊繁殖性能的营养调控技术方案示例（伊朗，2020）

母羊的各个生长阶段	营养调控类别	
	能量	蛋白质
出生 0 ~ 14 周	根据日增重量确定	含量高，品质优
配种前半年	1.1 ~ 1.2 倍维持	维持
配种前半个月左右	1.3 ~ 1.5 倍维持	含量高，品质优
胚胎孕育 0 ~ 50 d	维持	维持
胚胎孕育 50 ~ 100 d	1.1 倍维持	维持
胚胎孕育 100 ~ 135 d	1.3 ~ 1.5 倍维持	品质优
胚胎孕育 135 ~ 150 d	低钙维持	品质优
泌乳 0 ~ 7 d	维持	维持
泌乳 7 ~ 30 d	1.2 ~ 1.5 倍维持	品质优

1. 限饲和补饲时间对母羊排卵数的影响

研究表明，可以通过配种前的短期优饲克服母羊在泌乳早期营养不足对排卵率的影响。但配种前母羊的营养受限不能仅依靠短期补饲来弥补，这就要求在养殖实践中注重配种前的营养水平，至少应保持在维持水平或稍高于维持水平。

2. 营养水平对胚胎成活率的影响

排卵前后的营养状况都会影响胚胎的存活。排卵前的营养状况影响着卵子的质量，排卵后的营养状况通过影响卵巢和子宫分泌物的形成而影响早期胚胎的细胞分裂。早期胚胎对营养因素反应比较敏感，某些营养因子过量或不足都可能影响胚胎的存活率，尤其是 11 ~ 12 d 胚胎。研究表明，配种后高营养水平（1.5 ~ 1.7 倍维持需要量）降低妊娠率和窝产仔数（Kelly et al., 2005）。胚胎发育早期日粮的蛋白质水平应保持在维持需要水平，且保证良好的蛋白质质量，体况中等的母羊在配种后 50 d 内营养水平以维持需要或稍高于维持需要为佳。

3. 母羊营养调控技术方案

营养对母羊繁殖潜力的发挥有重要作用。在一个完整的繁殖周期中，不同生理阶段营养需要量差异较大，因此，在生产实践中，可根据母羊所处的生理阶段，采用适当的营养调控方案，在降低饲养成本的基础上，提高母羊的繁殖率。在肉羊生产实践中，按照营养调控方案及时调整日粮，即可增加排卵率和胚胎存活率，增加产羔率和初生质量，达到提高母羊繁殖率的目的，又可降低母羊饲养的成本，提高饲养的经济效益。

（三）肉羊低碳排放的营养调控技术

反刍动物排放的甲烷是温室环境的气体之一，为了降低甲烷排放量，应从日粮营养调控角度创造适宜的瘤胃内环境，合理调整日粮结构，改善饲料加工方式，利用甲烷菌抑制剂，最大限度降低肉羊瘤胃甲烷菌数量，发展低碳型养羊业。

1. 调整日粮结构，适当提高精粗比

甲烷排放量与瘤胃发酵类型密切相关，当绵羊采食以粗饲料为主日粮时，瘤胃以乙酸发酵为主，甲烷排放量就多；当日粮中精料含量较高时，瘤胃发酵以丙酸发酵为主，甲烷排放量就少。在兼顾日粮成本的情况下，适当增加日粮中的精料比例，可增加其瘤胃丙酸产量，降低乙酸 / 丁酸的比例，提高饲料利用率和动物的生产性能，降低甲烷排放量。当日粮以粗饲料为主时，可添加适宜的蛋白质、可溶性糖类和矿物质元素，提高粗饲料的消化率，降低甲烷排放量（Pen et al., 2007）。

2. 优化瘤胃内环境

调控瘤胃 pH 值，使之处于中性环境。日粮营养成分中粗纤维对甲烷排放的贡献率最高，那么就应给肉羊瘤胃创造一个适宜发酵瘤胃内环境，提高粗纤维的利用效率，降低甲烷产生量。合理的饲料搭配，可以通过酸性饲料和碱性饲料搭配，保持瘤胃 pH 值中性；添加缓冲剂，当日粮中精饲料比例较高时，应在日粮中添加 0.5% ~ 1.0% 碳酸氢钠；当日粮以青贮为主时，应在日粮中添加 0.2% 氧化镁或 0.5% 膨润土，调整瘤胃 pH 值，使之处于中性环境。

3. 添加有机酸

延胡索酸作为丙酸生成的中间体，可以增加绵羊瘤胃丙酸产量。研究发现，延胡索酸可减少 6% 的甲烷生成量。此外，试验表明，在特定日粮条件下添加延胡索酸可使甲烷和 CO_2 释放量减少 20%（苏醒等，2010）。

二、肉牛集约化养殖的营养调控

（一）营养调控与瘤胃代谢

瘤胃是反刍动物最重要的消化器官。瘤胃可降解和消化 75% ~ 80% 的干物质、60% ~ 90% 的有机物、75% ~ 95% 的碳水化合物、60% ~ 95% 的粗纤维、10% ~ 100% 的粗脂肪等营养物质，瘤胃消化的能量占总消化能量的 23% ~ 87%，产奶和生长所需蛋白质 80% 以上源自瘤胃微生物蛋白。其中，牛瘤胃乳头高度、宽度、角化层和固有膜厚度是评定瘤胃发育程度的重要指标，对肉牛、奶牛的生长发育和机体代谢具有重要研究意义（图 5-1）。因此，瘤胃代谢功能正常与健康是饲料高效利用的前提和关键。瘤胃代谢与营养调控一直是反刍动物营养研究的重点，研究关注点主要有以下几个方面。

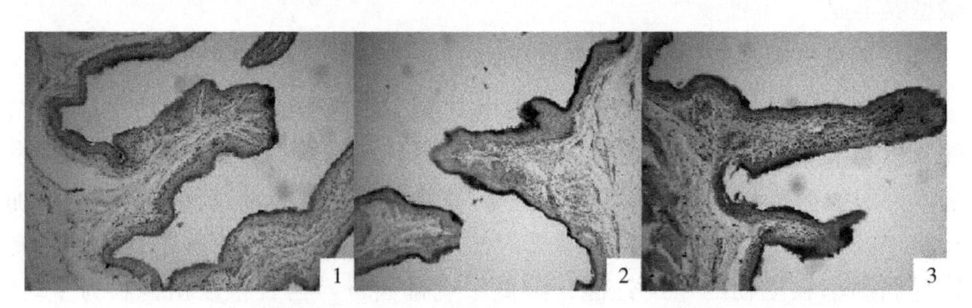

图 5-1　牛瘤胃乳头组织形态结构（100×）（李玉等，2009）

1. 植物提取物与甲烷减排

反刍动物作为甲烷排放的主要来源，已成为人们关注的焦点。甲烷是重要的温室气体成分，其温室效应相当于 CO_2 的 25 倍。在全球范围内，反刍家畜每年排放约 8 000 万 t 的甲烷，约占全球甲烷总排放量的 25%（王胤晨等，2015），而且反刍家畜瘤胃微生物发酵产生的甲烷会造成 5% ~ 9%的日粮总能损失。目前的研究结果表明，瘤胃中主要的产甲烷古菌属为甲烷短杆菌属、甲烷微菌属和甲烷杆菌属。近年来研究发现，许多植物活性成分能减少甲烷的产生。研究表明，单宁对瘤胃产甲烷菌具有毒性作用（Patra et al.，2017）。研究发现，在日粮中添加 10%板栗和葡萄籽单宁可分别减少甲烷产量 65%

和24%，显著降低总产甲烷菌的相对丰度，尤其是反刍兽甲烷短杆菌和甲烷热杆菌（Witzig et al.，2018）。牛至油（OEO）是从植物牛至的叶和花中提取的一种挥发性植物精油，含有30多种抗菌性的化合物，其活性成分主要为香芹酚和百里酚，香芹酚又称香荆介酚，化学名为2–甲基–5–异丙基苯酚，百里酚又称麝香草酚，化学名为5–甲基–2–异丙基苯酚。研究发现，牛至油能调控瘤胃发酵和降低甲烷产量，但过高添加水平对绵羊瘤胃发酵有抑制作用，体外条件下最适添加水平为200 mg/L（张然等，2018）。

2. 维生素与瘤胃代谢

一般情况下，瘤胃微生物合成的B族维生素和维生素K可满足肉牛的需要。但是，随着集约化、规模化养殖方式的发展，采用高精料饲喂模式或者应激条件下，有些水溶性维生素如烟酸、维生素B_1就难以满足其需要。近年来，烟酸对肉牛瘤胃代谢的影响成为研究热点。烟酸作为烟酰胺腺嘌呤二核苷酸（NAD）和烟酰胺腺嘌呤二核苷酸磷酸（NADP）的组成部分，参与机体能量代谢和糖脂代谢的氧化应激和炎症调控等（杨艳，2019）。此外，烟酸具有抗脂解作用，其抗脂解的原理主要有两个方面。一是烟酸进入体内可立即结合G蛋白偶联受体109A（GPR109A），通过抑制腺苷酸环化酶活性降低环磷酸腺苷（cAMP）的水平，进而抑制脂类分解。二是甘油二酯酰基转移酶2（DGAT2）是甘油三酯（TG）合成中的关键限速酶，烟酸可通过非竞争性抑制其活性发挥，减少甘油三酯的合成。近些年烟酸在育肥肉牛上的研究和应用逐渐增多。研究烟酸对锦江牛瘤胃酸代谢和微生物区系的影响及预防瘤胃酸中毒（SARS）的作用机理，结果表明，添加烟酸可提高瘤胃液pH值及乙酸、丙酸、总挥发性脂肪酸浓度，改善瘤胃发酵功能（杨艳，2019）。

外源添加烟酸会立即被瘤胃微生物降解，降解率可达88% ~ 94%，大大降低了其利用效率，因此，过瘤胃保护和高剂量添加等手段成为在反刍动物上研究烟酸功能的主要手段。

（二）肉牛饲料替抗与绿色添加剂

长期以来，人们通过在日粮中添加抗生素类生长促进剂来维持动物健康，促进动物生长和提高饲料利用率，但大量使用抗生素导致动物机体正常菌群失调，病原微生物产生耐药性，并在畜产品（肉、蛋、奶、皮毛）中残留，进而直接威胁人类健康与环境安全。近年来，在肉牛生产中，高精料日粮的使用会导致反刍动物瘤胃发酵异常和微生物区系紊乱，进而发生炎症反应和一系列营养代谢疾病。一些新型添加剂如植物提取物作为生长促进剂和抗生素的天然替代品引起了人们极大的关注，尤其是在改善肉牛生产性能和畜产品品质等方面具有广阔的应用前景。

1. 植物提取物

植物提取物富含生物活性物质，具有抗菌、抗氧化、提高动物机体抗病力等多种功能。研究发现，在母牛高精料日粮中添加 300 mg/kg 植物黄酮类化合物，可在不影响日增重和日料转化率的条件下降低瘤胃液中乙酸浓度，同时提高丙酸浓度，使乙酸与丙酸比例降低，从而改善瘤胃发酵并降低瘤胃酸中毒的不良影响（Balcells et al.，2021）。在内洛尔牛高精料日粮中添加混合精油（主要成分为丁香酚、百里香酚、迷迭香等）可以显著增加反刍时间，有利于增加瘤胃内的缓冲作用，饲料转化效率和日增重与对照组相比也有显著提高。在反刍动物日粮中，添加植物性添加剂可以调控瘤胃微生物区系。

日粮中添加植物提取物可以调节瘤胃内短链脂肪酸（SCFA）组成、微生物区系，降低血液中内毒素（LPS）浓度与炎症反应，增加瘤胃内的缓冲作用，缓解高精料日粮所带来的副作用。由于植物提取物种类繁多、作用机制不尽相同，尚需进一步研究植物提取物配合使用效果和适宜添加量，以便更好地在实际生产中加以推广应用。

2. 微生物制剂

微生物制剂能够在消化道内合成微生物蛋白消化酶生长因子和抗菌肽等物质，可以改善肉牛的生长性能，尤其是复合微生物制剂，其作用效果更为突出，近年来我国研究人员在这方面开展了大量研究。

酵母培养物（YC）是由酵母菌（主要是酿酒酵母）在现代发酵工艺控制下采用液态固态相结合或直接在固体培养基上发酵后连同固体基质一起加工制得的一种微生态制剂。酵母培养物因富含氨基酸葡聚糖、甘露聚糖、B 族维生素和维生素 E 等功能性物质，已广泛应用于犊牛日粮中，在提高犊牛的瘤胃健康状况、免疫能力和饲料转化率等方面都具有促进作用。对 18 个饲喂试验的综合分析表明，日粮中添加酵母培养物有利于提高肉牛的干物质采食量（DMI）和平均日增重（ADG），而另有研究表明，日粮中添加 50 g/d 酵母培养物对育肥牛的干物质采食量和平均日增重均没有显著影响（耿春银，2015）。研究表明，日粮中添加 150 g/d 酵母培养物对提高肉牛的生长性能和改善牛肉品质都有促进作用；试验后期（第 61 天至第 120 天）添加 150 g/d 酵母培养物对改善牛肉品质也有促进作用（黄文明等，2019）。活性干酵母（ADY）是反刍动物中使用最广泛的一种活菌制剂，可以稳定瘤胃液 pH 值，降低瘤胃亚急性酸中毒风险，减少内毒素产生，提高生长性能。研究表明，给断奶后犊牛饲喂添加纳豆枯草芽孢杆菌的日粮可提高犊牛的体增重和饲料利用率，显著增加犊牛瘤胃表皮微生物的数量和种类，提高瘤胃微生物多样性（张海涛，2009）。

第四节　猪集约化养殖的营养调控技术

一、母猪提高繁殖性能的营养调控

母猪的营养需要是以提升母猪繁殖性能和泌乳力为核心。由于母猪需经历空怀、妊娠前期、妊娠中期、妊娠后期、哺乳期等多个阶段，其营养需求差异较大，必须根据母猪不同的生理阶段调整母猪的饲养标准（于爱梅，2018）。能量是维持母猪生产的基础。丹麦猪营养标准提出，哺乳料和妊娠料中的代谢能（ME）分别为 13.31 MJ/kg、12.60 MJ/kg。在不同的生理阶段，母猪的能量需要有所差异。研究发现，母猪初情启动的适宜净能需要量为 10.15 MJ/kg，初情后至配种阶段为 10.04 MJ/kg。在妊娠后期，33.78 MJ/d 净能（NE）可以改善产仔体重和分娩时间，14.24 MJ/kg 的 ME 可提高仔猪的生产性能。哺乳母猪 65% ~ 85% 的能量需要用于生产乳汁。可以通过提高母猪哺乳料中油脂的含量来增加能量摄取，将母猪哺乳料中油脂的补充量从 2% 增加到 11%，每天可增加约 4.60 MJ 的 ME 摄入（Rosero et al.，2015）。

蛋白质是母猪乳汁中的主要成分。研究发现，在 95% 回肠可消化（SID）赖氨酸（Lys）水平下，乳汁中的蛋白和酪蛋白含量随着粗蛋白质（CP）水平的增加而增加（Hojgaard et al.，2019）；当日粮 SID 的 CP 水平为 111 ~ 118 g/kg 时，乳汁中的尿素含量最低；116 g/kg 时脂肪含量最高；125 g/kg 时产仔性能最高。然而，在蛋白日粮资源紧张的环境下，需要在保证母猪正常生产的情况下降低日粮蛋白含量。妊娠母猪饲料中正常 CP 含量为 14.5%，在降低 2% ~ 4% 的情况下，对其繁殖性能和背膘不产生影响。研究发现，将一胎母猪妊娠期间的日粮蛋白质含量降低至 12%，对产活仔数量、产仔体重、母猪的尿液和血浆代谢物均没有负面影响；而在哺乳期饲喂低蛋白日粮，由于胃容量较小导致 SID Lys 摄入量降低，从而降低了泌乳后期的产奶量。为了满足母猪的正常生产需要，在降低蛋白水平的情况下，要通过调控氨基酸水平来维持营养均衡。初产母猪妊娠天数小于 90 d、妊娠天数大于 90 d 及哺乳期的最佳 Lys 摄入量分别为 12.4 g/d、19.3 g/d、52.6 ~ 56.5 g/d，母猪怀孕料的ME和SID Lys以12.47 MJ/kg、0.58%为宜，妊娠107 d后日粮ME和SID Lys水平为13.3 MJ/kg、1.06%时母猪的体重和背膘情况最好。对于哺乳母猪而言，采食量、消化能（DE）和Lys水平是影响仔猪断奶重的重要因素，正常的哺乳日粮DE、Lys标准为15.2 MJ/kg和1.28%，但当ME、SID Lys和脂肪水平分别为13.91 MJ/kg、0.99%和2.5%时生产性能最好。有试验研究了精氨酸（Arg）和Lys不同比例对母仔猪生产性能的影响，发现随着日粮Arg水平的提高，母猪的产活仔数有线性增加效应，根据折线模型得出Arg/Lys为1.01和1.02时最佳（Gao et al.，2020）。有学者提出，SID Lys为20.6 g/d时对母猪泌乳性能产生积极影响。高产泌乳母猪日粮中ME、SID Lys满足14.04 MJ/kg、0.81%时才能最大限度地增加产仔数，而SID Lys为0.90%时可以最大限度减少母猪体重损失。研究发现，母猪日粮中添加1.0% *L*-Arg可以激活增殖机制，改善乳腺组织的血管生成，并增加母猪乳腺中编码抗氧化酶基因的mRNA表达（Holanda et al.，2019）。分析哺乳至断奶发情期间的仔猪初生重、产活仔数、断奶成活率及母猪背膘损失发现，哺乳母猪的最佳酪氨酸（Trp）∶Lys在0.22 ～ 0.26。研究发现，当日粮缬氨酸（Val）∶Lys为1∶1时，母猪哺乳期第7天、第21天、第28天的乳脂含量增长的同时其背膘损失增大；而当母猪日粮DE和Lys（Val∶Lys为1∶1）水平为14.4 MJ/kg和0.92%、采食量为7.7 kg/d时，仔猪（窝均13头）28 d断奶体重达8.6kg（Gao et al.，2020）。妊娠后期和哺乳期添加*L*-Val（Val∶Lys=0.87∶1）显著提高了断奶仔猪和哺乳仔猪的体重，显著提高了母猪的采食量及乳质量。研究发现，妊娠后期和哺乳期母猪日粮中添加牛磺酸（Tau）能改善仔猪肠道形态和肠道屏障功能以及抑制氧化应激，从而改善仔猪的生长性能（Xu et al.，2019）。

维生素是母猪维持正常代谢和繁殖性能所必需的微量低分子化合物，主要以辅酶形式参与机体代谢，调控激素分泌。研究表明，当前推荐的维生素用量足以满足母猪妊娠的需要，而且日粮中过量补充维生素对母猪的妊娠和哺乳并没有积极影响。日粮补充添加0.15%的有机微量元素（由蛋白质螯合铜、蛋白质螯合铁、蛋白螯合锌、蛋白质螯合锰、酵母硒及KI组成）能改善母猪产仔性能，提高母猪血清中Fe以及母、仔猪血清中的IgA含量。

除常规饲料外，特殊加工工艺生产的饲料原料和饲料添加剂对母猪的繁殖性能和机体免疫方面都有一定影响。大豆是一类营养丰富的蛋白质饲料，对大豆加工后形成的副产品再次加工用于母猪饲料，对母猪的生产效率有积极影响。研究发现，妊娠后期母猪日粮添加9%发酵豆渣，可能通过介导mTOR信号通路提高母猪胎盘的营养物质转运能力，从而提高胎盘效率（刘俊泽等，2020）。从母猪妊娠90 d到哺乳21 d断奶，日粮中添加2%大豆生物活性肽（SBP），可以提高功能性氨基酸浓度和抗氧化性能，缩短产程并提高仔猪的生长性能。在妊娠母猪日粮中添加大豆黄酮（DA），能显著增加妊娠35 d和85 d猪血清中孕酮（P）、IGF-1、IgG、SOD和T-AOC的含量，调节血清繁殖激素水平，增强机体抗氧化能力和免疫机能，从而改善妊娠母猪的繁殖性能（张琦琦等，2019）。研究发现，妊娠后期和哺乳期添加45 mg/kg大豆异黄酮，可提高仔猪初生重和断奶重，提高乳质量。此外，许多单方和复方中草药的运用也是近年来研究的热点（Hu et al.，2015）。广东紫珠提取物可不同程度降低母猪孕中期、分娩时和断奶时血清IL-1β、IL-6和TNF-α等炎症细胞因子水平。母猪日粮中添加121 ~ 165 mg/kg广东紫珠提取物可改善母猪的繁殖性能，提高母猪血清抗氧化水平，缓解母猪产后炎症反应，优化母体猪肠道菌群结构。在母猪日粮中添加100 mg/kg茯苓多糖能显著提高仔猪生长性能、母猪和仔猪血清免疫和抗氧化指标（龚泽修等，2020）。党参（23%）、淫羊藿（18%）、黄芪（12%）、益母草（14%）、白术（8%）、茯苓（9%）制成的中草药制剂能显著改善母猪日均泌乳量、产活仔数、断奶窝重、窝增重、断奶至发情间隔天数和仔猪腹泻率，对母猪的繁殖性能和仔猪的肠道发育有积极作用（苏玉贤，2020）。

二、公猪提高精液品质的营养调控

目前有关公猪的营养研究相对较少，已有研究主要从能量、蛋白质、维生素、微量元素需求及饲料添加剂等方面，通过营养调控来改善精液品质以提高种猪使用寿命。

在能量方面，研究认为，种公猪在170 ~ 200 kg和200 ~ 250 kg两个阶段，采食量分别为7.7 kg/d和8.2 kg/d，日增重分别为454.5 g/d和375.3 g/d时，能有效提高杜洛克种公猪的生长性能、射精量、总精子数和有效精子数，维持公猪正常性欲，同时降低种公猪肢蹄病发病率和淘汰率（王超，2017）。研究发现，n-6∶n-3日粮比为6.6时，新鲜精液中n-3多不饱和脂肪酸（PUFAs）和二十二碳六烯酸（DHA）的含量增加，精子的膜完整性和膜流动性有所改善，说明合适的日粮能改善精子活力、精子前进运动性能和速度。功能性脂肪酸（速生元）同样能提高公猪的精液量和精子密度，从而改善公猪的精液品质（Liu et al.，2017）。

蛋白质是精液形成的基础，大量研究表明日粮中蛋白质的含量及氨基酸水平对精液的品质具有重要影响。Arg是促进睾丸发育的重要氨基酸，对于不同体重阶段的公猪，Arg 需求量有所不同，7 ~ 11 kg、11 ~ 25 kg、25 ~ 50 kg 和 50 ~ 100 kg 时分别为 1.08%、1.06%、1.24% 和 0.93%。研究发现，日粮中增加 0.8% Arg 能显著增加公猪睾丸的体积、重量和精原细胞数量；通过蛋白质组学分析，还确定了 Arg 促进睾丸发育的 18 种关键蛋白质，这些蛋白质主要与 mTORC1 和 Wnt 信号通路有关。NCG 作为 Arg 的内源性生成剂，可在机体中合成 Arg 并参与 Arg–NO 途径。研究发现，日粮中添加 0.1% NCG 可以显著提高公猪精子的活力和活率，降低公猪精子畸形率，提高公猪每次射精有效精子数（任波等，2017）。

公猪日粮中添加 400 mg/kg 维生素 E 可防止精子脂质过氧化，并保持新鲜精液中精子更高的活力。然而，维生素的添加不是越多越好，应严格按照公猪的营养需要添加，超出营养标准的维生素水平对公猪的繁殖性能没有益处。

新型饲料如益生菌发酵饲料等能够改善 ABTS 和 DPPH 自由基清除活性，有效提高精子运动性能、顶体完整性、质膜完整性、线粒体膜电位以及精液抗氧化能力，减少精子发生脂质过氧化损伤，从而改善精液品质。而中草药添加剂同样能有效改善公猪精液品质，如 200 g/t 淫羊藿提取物和 500 g/t 止痢草油可降低高温下的热应激，改善公猪性欲和提高精液抗氧化能力，从而提高公猪的精液量和精液品质（杨飞来等，2020）；复合中草药添加剂（熟地黄、淫羊藿、五味子、覆盆子、金银花以 1∶1∶1∶1∶2 比例混合）能显著提高公猪精液量、精子活力和精子密度，并有效降低精子畸形率。

三、仔猪抗生素替代的营养调控

在哺乳前期，仔猪的营养来源主要为母猪的乳汁；在哺乳后期，母猪乳汁中的营养成分已无法满足仔猪的快速生长，需要另外补充教槽料以满足其生长发育，并使仔猪肠道逐渐适应固体饲料，减少断奶应激。因此，断奶仔猪的营养研究主要侧重于对仔猪肠道发育、减少腹泻的研究。

在蛋白质和氨基酸方面，研究发现，无抗日粮中降低蛋白质水平（由 NRC 推荐的 23% 降低至 17%）可改善 21 日龄断奶仔猪生长性能、缓解腹泻；而在低蛋白日粮基础上，无论通过增加动物蛋白还是植物蛋白来提高日粮蛋白质水平，均会降低仔猪肠道的消化吸收功能，导致仔猪生产性能下降，并通过破坏肠道屏障功能促进氯离子分泌关键蛋白 CFTR 的表达，导致仔猪腹泻。氨基酸是构成蛋白质的基本单位，优质的氨基酸组成能在降低饲料蛋白水平的同时提高生产性能。7 ~ 14 kg 仔猪获得最佳生长性能所需的 SID Lys 为 1.37%，Lys 摄入量适宜范围为 4.63 ~ 4.87 g/d，28 ~ 42 日龄（约 6.5 kg）中等腹泻仔猪 Arg 适宜水平为 1.4%。对氨基酸组成的研究发现，断奶仔猪日粮中添加 1% 复合氨基酸 [谷氨酸（Glu）：谷氨酰胺（Gln）：Arg：甘氨酸（Gly）：N– 乙酰半胱氨酸（N–NAC）为 5：2：2：1：0.5] 可以改善肝功能、提高抗氧化能力，同时调控仔猪肝脏能量状态及游离氨基酸代谢，并可能影响肝脏的脂肪代谢和免疫功能（董毅等，2020）。断奶仔猪日粮适宜的蛋氨酸（Met）:含硫氨基酸（SAA）比值为 0.51，当比值降低时可能导致氧化应激和肠绒毛萎缩，增大则会影响肠道生长发育；在抗生素条件下，7 ~ 17 kg 断奶仔猪最佳 SID SAA 与 Lys 的比值为 58.5%，无抗条件下超过 60%，其料重比能实现最大化。在 4 日龄杜长大新生仔猪的代乳料中添加 0.8% Arg，可提高断奶后仔猪生长性能。

为了改善仔猪肠道的健康、促进生长发育，抗生素替代产品的研发已成为饲料行业关注的重点。在无抗饲料研究中，主要集中在微生态制剂、植物精油、中草药提取物、壳聚糖、卵黄抗体等方面。饲料经发酵后产生多种益生菌及其代谢产物，可增强动物胃肠道酸性环境、调节肠道内菌群平衡、提高肠黏膜免疫系统的免疫功能、促进肠道健康，进而提高动物的生长性能（申远航等，2018）。研究发现，断奶仔猪日粮中添加丁酸梭菌能降低空肠中假单胞菌属、埃希菌属和肠杆菌等条件致病菌的相对丰度，提高粪便球菌属、罗斯氏菌属、丁酸球菌属、布劳特氏菌等体内健康菌群的相对丰度，从而改善仔猪肠道菌群结构、促进肠道健康（王远霞等，2020）。

植物精油和中草药等其他添加剂也是替代抗生素的研究热点。牛至油具有杀菌抑菌及抗氧化作用，日粮中添加 400 ~ 700 mg，与饲喂抗生素的仔猪在生长发育、肠道形态和腹泻频率方面均无显著差别，表明牛至油可作为抗生素替代产品添加到饲料中。试验表明，使用黄芪系列中草药添加剂后，21 日龄断奶仔猪个体重和窝重、哺乳期日增重分别提高 23.33%、32.14% 和 30.65%。日粮补充 0.4% 银耳多糖可显著改善断奶仔猪空肠形态、提高空肠黏膜消化酶活性。

四、生长育肥猪改善肉品质的营养调控

在蛋白质和氨基酸方面，蛋白和氨基酸是影响育肥猪生长发育和肉品质的重要营养元素。研究发现，日粮中添加 1% *L*–Arg，可通过肌纤维类型和代谢酶的差异表达，使肌内脂肪（IMF）含量增加约 32%，并降低滴水损失，从而改善猪肉品质（Ma et al.，2015）。由于蛋白饲料资源不足，低蛋白日粮技术能在一定程度上缓解蛋白源饲料资源短缺的问题。净能低蛋白平衡氨基

酸日粮营养方案是通过降低日粮粗蛋白质水平（<4%），按理想氨基酸模型制订营养方案，该营养技术方案能够在不影响猪群的生长性能条件下，减少分解代谢过量蛋白和过量氮排泄而产生的热损失，从而提高能量的利用效率，降低饲养成本。关于净能低蛋白日粮对育肥猪生长性能的影响的试验结果（表 5–4）显示，随着日粮蛋白水平降低（NE 水平为 9.38 MJ/kg，SID Lys 水平为 0.71%），氮排放量显著降低，在生长性能方面，日增重有所提高，料重比降低，在日粮蛋白水平降低 2% 时，猪群的生长性能最佳。给 45 日龄的生长猪分别饲喂 CP 水平分别为 20.00%、17.16%、15.30% 和 13.90% 的基础日粮，并添加生长素（IAA）以满足其生长需要（Peng et al.，2016）。

表 5–4　低蛋白日粮对育肥猪生长性能的影响（李向飞，2018）

项目	生长性能			*P* 值
	1 组	2 组	3 组	
蛋白质含量（%）	16.5	14.5	12.5	—
初重（kg）	54.8	54.9	54.8	NS
末重（kg）	105.6	107.3	105.7	NS
采食量（kg/d）	2.361	2.341	2.334	NS
日增重（g/d）	793	819	795	NS
料重比	2.98	2.86	2.94	NS
排泄物中氮排放（g/d）	9.44	6.94	4.79	<0.001
氨排放减少比例（%）	100	73	51	—

研究发现，降低饲料中 CP 水平会降低平均日增重、血浆尿素氮浓度和肝脏和胰腺相对器官重量，增加饲料转化率，并对十二指肠的绒毛长度及回肠、空肠的隐窝深度造成影响；补充 IAA 后可以将日粮 CP 水平从 20% 降低到 15.30%，对生长性能没有显著影响，对免疫学参数的影响也很有限。日粮蛋白质水平降低至 14% 和 12% 对猪生长性能和胴体品质无显著影响。将常规日粮 CP 水平（17.4%）降低至 14.3%，总磷水平（0.5%）降低至 0.40%，并添加 120 mg/kg 植酸酶，能显著提高生长猪平均日增重，减少粪氮、粪磷含量；在此基础上，继续添加 120 mg/kg NSP 酶对生长猪的生长性能和粪中养分含量不产生影响（林维雄等，2016）。此外，在低蛋白日粮中添加支链氨基酸 *L*–高氨酸（Leu）、*L*–Val 和 *L*–异亮氨酸（Ile）有利于机体生长性能和免疫性能的提升（邓盾等，2019）。研究发现，生长猪饲喂有效磷 2.4 g/kg 的玉米–豆粕型日粮（总磷 0.45%）时，添加 500 U/kg 植酸酶

可达到与常磷日粮（总磷 0.56%）相同的生长性能，添加 1 000 U/kg 植酸酶时养分表观消化率提高更明显（王晶等，2017）。由此说明，在降低蛋白水平的同时补充生长素、氨基酸或植酸酶等营养物质能在一定程度上满足低蛋白水平下育肥猪的氨基酸需求。

维生素对机体的生理功能和营养代谢起重要作用，是许多酶的辅酶或辅基，在改善肉品质方面有重要作用。研究发现，饲料中添加以 50 μg/kg 为上限的 25-OH-D_3 能表现出最高的背最长肌总维生素活性和血清总 25-OH-D 浓度。日粮添加 50 μg/kg 富含维生素 D_2 的蘑菇能有效改善 ADG 和 FCR，并有助于改善猪肉品质和猪肉颜色的稳定性。添加维生素 E 可减少烹饪损失，增加猪肉中总多不饱和脂肪酸（PUFA）、$C_{18:2n-6}$ 和 $C_{18:3n-3}$ 的含量，以及超氧化物歧化酶和谷胱甘肽过氧化物酶的活性（Jin et al.，2018）。微量元素（如硒）具有很强的抗氧化性能，研究表明，有机硒相比无机硒具有更高的吸收效率，通过提高机体抗氧化能力，改善猪肉的 pH 值、肉色、系水力，补充添加 0.25 mg/kg、0.35 mg/kg 硒可显著增加肌肉中硒的沉积（≥ 0.25 mg/kg）。酵母硒能有效改善肥育猪肉的抗氧化能力，改善肥育猪的肉色、pH 值及系水力等指标，提高肥育猪的肉品质，并延长猪肉货架期（杨景森等，2020）。

其他营养物质对提高育肥猪生长性能、改善肉品质也起到非常重要的作用，如添加酵母菌制剂、乳酸菌制剂和芽孢杆菌制剂可以通过上调肉质相关基因表达，调控肌纤维类型基因表达和比例，改善肌肉组织学形态结构，提高肉品抗氧化性能，进而改善肉品质；日粮饲喂 200 mg/kg 微生态制剂（粪肠球菌：枯草芽孢杆菌：嗜酸乳杆菌 =1∶1∶1，粪肠球菌≥ 1×10^9 CFU/g、枯草芽孢杆菌≥ 1×10^9 CFU/g、嗜酸乳杆菌≥ 1×10^9 CFU/g）可有效提高生长猪的生长性能、部分营养物质表观消化率、抗氧化能力和免疫力；0.15% 微生态制剂（由酵母菌、芽孢杆菌、乳酸菌组成，微生态制剂含活菌总数≥ 2×10^8 CFU/g）能有效提高生长猪的生产性能，降低腹泻率，提高粪中双歧杆菌的数量，降低大肠杆菌的数量（高环等，2015）。研究发现，日粮中含量低于 9% 苎麻可以部分改善背最长肌的性状和肌肉化学成分，而不会对生产性能产生负面影响，可能是由于苎麻影响了脂肪的生成并改变了肌纤维的特性所致（Li et al.，2018）。

第五节　动物营养调控的展望

营养调控技术根据动物的生理状态提供满足其生长发育及生产所需的能量、蛋白质、维生素、微量元素等营养物质。而通过添加功能性营养物质（如益生菌、活性肽、酮类、植物提取物等）也可不同程度地提高繁殖性能和机体免疫力、促进肠道健康和生长发育、改善肉品质等。随着无抗时代的到来，环保要求越来越严格，以及消费者对肉品质追求的不断提高，营养与饲料科学研究领域面临的挑战也越来越大。采用转录组学、蛋白组学、代谢组学、宏基因组学甚至培养组学的组学技术也越来越广泛，使得动物营养研究进入到一个新的时代。此外，随着智能设备及智能养殖技术解决方案的应用和发展，传统畜禽养殖业逐步向智能化产业升级转型。智能养殖技术的应用使养殖过程更为信息化、可视化，有利于促进营养调控技术的研究。动物营养调控技术的研究和应用符合养殖业可持续发展的高效、安全、优质和环保的要求，可有效提高企业生产效率。

综上，通过对动物营养需要、饲料成分以及饲料资源开发的深入研究，结合现代信息技术以及算法模型，将真正实现通过营养手段调控动物的健康生长，促进其安全优质生产，推动我国畜牧产业向精准化、智能化、绿色化可持续健康发展。

参考文献

陈国旺，海龙，郭立宏，等，2022. 绵羊营养调控技术及研究进展 [J]. 现代畜牧科技（1）：32–34.

程伟，李灵平，2014. 动物的营养需要与饲养标准及其应用 [J]. 河南畜牧兽医（综合版）（3）：23–25.

崔艺燕，田志梅，李贞明，等，2018. 植物提取物的生物学功能及其在仔猪生产上的应用 [J]. 中国畜牧兽医，45（12）：3419–3430.

邓盾，王刚，陈卫东，等，2019. 低蛋白日粮在不同生长阶段猪上的应用研究进展 [J]. 广东农业科学，46（4）：101–108.

董毅，王倩，孟禹璇，等，2020. 复合氨基酸对断奶仔猪肝脏能量状态、游离氨基酸含量及其相关基因表达的影响 [J]. 中国畜牧兽医，47（8）：2445–2453.

付亚楠，王晶晶，RANJAN K M，等，2018. 有机微量矿物质：维持家畜的免疫、健康、生产和繁殖（综述）（续 1）[J]. 国外畜牧学（猪与禽），38（12）：71–73.
高环，罗彬，黄兴国，等，2015. 微生态制剂对生长猪生产性能、养分消化率及粪中微生物的影响 [J]. 中国饲料（15）：15–18.
耿春银，2015. 活性酵母与酵母培养物饲喂育肥牛生长性能、胴体指标和牛肉品质的比较 [D]. 北京：中国农业大学 .
龚泽修，张星，谢凯，等，2020. 茯苓多糖对母猪繁殖性能、仔猪生长性能及血清免疫指标、抗氧化指标的影响 [J]. 饲料研究，43（6）：27–30.
韩春艳，1999. 原虫在瘤胃内的作用 [J]. 嘉应大学学报（6）：46–50.
胡骏鹏，2004. 生长山羊日粮限制性氨基酸对微生物蛋白氨基酸组分和消化率的影响研究 [D]. 武汉：华中农业大学 .
黄文明，谭林，王芬，等，2019. 酵母培养物对育肥牛生长性能、屠宰性能及肉品质的影响 [J]. 动物营养学报，31（3）：1317–1325.
瞿明仁，梁欢，2020. 我国肉牛营养与饲料研究进展 [J]. 动物营养学报，32（10）：4716–4724.
李向飞，2018. 规模猪场生长育肥猪精准营养技术应用 [J]. 猪业科学，35（5）：47–50.
李燕，2013. 外源酶对山羊甲烷排放及饲料利用率影响的研究 [D]. 雅安：四川农业大学 .
李玉，费水英，李军田，等，2009. 三种组方代乳粉对早期断奶犊牛瘤胃形态结构的影响 [J]. 动物医学进展，30（10）：40–44.
林维雄，黄剑锋，董志岩，等，2016. 低蛋白饲粮添加植酸酶和非淀粉多糖酶对生长猪生长性能和养分排泄量的影响 [J]. 福建畜牧兽医，38（1）：3–6.
刘靖，张石蕊，2009. 蛋白质饲料资源的合理利用及开发对策 [J]. 中国畜牧兽医文摘（2）：52–54.
刘俊泽，赵靓瑜，黄凯，等，2020. 日粮添加发酵豆渣对母猪产仔性能、胎盘效率和胎盘营养物质转运的影响 [J]. 畜牧与兽医，52（8）：16–21.
刘明美，2012. 蛋白质饲料的开发利用现状 [J]. 江西饲料（6）：17–19.
卢德勋，2021. 动物营养学科发展在战略方向上的重大突破：构建动物健康营养理论和技术体系及其实际应用 [J]. 动物营养学报，33（1）：1–12.
马陕红，2006. 模拟条件下 RDP、NPN 对瘤胃发酵及营养物质降解率的影响 [D]. 杨凌：西北农林科技大学 .
蒙洪娇，姜海龙，朱世馨，等，2016. 畜禽微量矿物质营养元素的研究进展 [J]. 饲料研究（18）：7–10.
彭华，王加启，卜登攀，等，2010. 2008—2009 年反刍动物营养研究进展Ⅱ. 外源添加剂对瘤胃发酵的调控 [J]. 中国畜牧兽医，37（2）：15–21.
冉智明，陈代文，余冰，等，2018. 维生素 A 增强动物抗病毒能力的作用及其机制研究进展 [J]. 动物营养学报，30（12）：4842–4848.
任波，万海峰，苏祥，等，2017. 日粮中添加 NCG 对公猪精液品质的影响 [J]. 今日养猪业

（S1）：93–95.

申远航，黄晓灵，吕航，等，2018. 发酵饲料生产工艺及其在猪生产上的应用 [J]. 广东农业科学，45（11）：118–125.

石凤霞，王继强，龙强，等，2016. 维生素 C 的生理功能及其在畜禽生产中的应用 [J]. 中国饲料（4）：36–38, 44.

苏醒，董国忠，2010. 反刍动物甲烷生成机制及调控 [J]. 中国草食动物，30（2）：66–69.

苏玉贤，2020. 饲粮添加中草药对哺乳母猪繁殖性能和仔猪腹泻的影响 [J]. 养猪（3）：47–48.

王宝亮，程光民，崔晓娜，等，2015. 蛋白水平调控瘤胃内环境对粗纤维的利用 [J]. 山东畜牧兽医，36（11）：74–75

王超，2017. 影响公猪种用年限和精液品质的因素及青年公猪营养培育方案研究 [D]. 武汉：华中农业大学 .

王晶，季海峰，王四新，等，2017. 低磷饲粮添加植酸酶对生长猪生长性能、营养物质表观消化率和排泄量的影响 [J]. 中国畜牧杂志，53（4）：70–75.

王丽，叶翔杨，温晓鹿，等，2020. 猪营养调控技术研究进展 [J]. 广东农业科学，47（11）：114–124.

王晓光，贾玉山，格根图 . 2011. 畜产品与粮食安全及牧草型全混日粮技术的研究进展 [J]. 中国畜牧兽医，38（3）：42–46.

王胤晨，袁扬，张锦华，等，2015. 反刍动物瘤胃甲烷产生的营养调控 [J]. 中国牛业科学，41（3）：100–104.

王远霞，邹晓庭，郑有秀，等，2020. 丁酸梭菌对断奶仔猪空肠菌群结构的影响 [J]. 动物营养学报（11）：5128–5136.

杨飞来，罗杰，邓敦，等，2020. 淫羊藿提取物和止痢草油对公猪精液量和精液品质的影响 [J]. 湖南饲料（4）：39–41.

杨海天，孔祥杰，张奇，等，2018. 猪精准营养技术简述 [J]. 猪业科学，35（5）：34–36.

杨景森，王其龙，王丽，等，2020. 酵母硒抗氧化作用及其对肥育猪肉品质影响的研究进展 [J]. 广东农业科学，47（1）：115–122.

杨艳，2019. 烟酸对锦江牛瘤胃酸代谢和微生物区系的影响及预防酸中毒作用机理研究 [D]. 南昌：江西农业大学 .

伊朗，刘健，等，2020. 营养调控技术对母羊繁殖性能的影响 [J]. 当代畜禽养殖业（9）：41–42, 54.

于爱梅，李华伟，2018. 规模猪场精准营养及饲喂策略 [J]. 猪业科学，35（5）：54–58.

张彩霞，张帆，宋丽华，等，2017. 矿物质微量元素营养舔砖对奶牛生产性能及健康的影响 [J]. 中国畜牧杂志，53（10）：75–79.

张春香，任有蛇，曹宁贤，等，2011. 提高母羊繁殖率的营养调控技术研究进展 [J]. 饲料研究（11）：9–12.

张海涛，2000. 纳豆枯草芽孢杆菌对犊牛生长发育以及瘤胃组织形态学发育的影响 [D]. 北京：中国农业科学院 .

张宏福，赵峰，张子仪，等，2011. 仿生消化法评定猪饲料生物学效价的研究进展 [J]. 饲料与畜牧（3）：5–9.

张磊，李思敏，郭春华，等，2014. 山羊全混合日粮饲喂技术研究进展 [J]. 饲料研究（7）：42–45.

张琦琦，李延，陈代文，等，2019. 大豆黄酮对妊娠母猪繁殖性能、血清激素含量、抗氧化能力及免疫机能的影响 [J]. 动物营养学报，31（10）：4710–4716.

张然，郑琛，闫晓刚，等，2018. 体外产气法研究牛至油对绵羊瘤胃发酵特性和甲烷产量的影响 [J]. 动物营养学报，30（8）：3168–3175.

赵景鹏，林海，2019. 饲料营养价值评定的方法学进展 [J]. 中国家禽，41（6）：1–6.

BALCELLS J，ARIS A，SERRANO A，2021. Effects of an extract of plant flavonoids（Bioflavex）on rumen fermentation and performance in heifers fed high–concentrate diets[J].Journal of Animal Science，90（13）：4975–4984.

FRANCO L S，MACLEOD M G，MCNAB J M，2000. True metabolisable energy，heat increment and net energy values of two high fibre foodstuffs in cockerels[J]. British Poultry Science，41（5）：625–629.

GAO K G，WEN X L，GUO C Y，et al.，2020. Effect of dietary arginine–to–lysine ratio in lactation on biochemical indices and performance of lactating sows[J]. Journal of Animal Science，98（9）：1–9.

HOJGAARD C K，BRUUN T S，THEIL P K. 2019. Optimal crude protein in diets supplemented with crystalline amino acids fed to high–yielding lactating sows[J]. Journal of Animal Science，97（8）：3399– 3414.

HOLANDA D M，MARCOLLA C S，GUIMARÃES S E F，2019. Dietary *L*–arginine supplementation increased mammary gland vascularity of lactating sows[J]. Animal，13（4）：790–798.

HU Y J，GAO K G，ZHENG C T，et al.，2015. Effect of dietary supplementation with glycitein during late pregnancy and lactation on antioxidative indices and performance of primiparous sows[J]. Journal of Animal Science，93（5）：2246–54.

JIN C L，GAO C Q，WANG Q，et al.，2018. Effects of pioglitazone hydrochloride and vitamin E on meat quality，antioxidant status and fatty acid profiles in finishing pigs[J]. Meat Science，145（11）：340–346.

KELLY J M，KLEEMANN D O，WALKER S K，2005. The effect of nutrition during pregnancy on the in vitro production of embryos from resulting lambs[J]. Theriogenology，63（7）：2020–2031.

LI Y，LIU Y，LI F，2018. Effects of dietary ramie powder at various levels on carcass traits and meat quality in finishing pigs[J]. Meat Science，143（9）：52–59.

LIU Q，ZHOU Y F，DUAN R J，et al.，2017. Dietary n–6∶n–3 ratio and Vitamin E improve motility characteristics in association with membrane properties of boar spermatozoa[J]. Asian Journal of Andrology，19（2）：223–229.

MA X，ZHENG C，HU Y，et al.，2015. Dietary *L*–arginine supplementation affects the Skeletal Longissimus Muscle Proteome in Finishing Pigs[J]. PLOS ONE，10（1）：e0117294.

PATRA A，PARK T，KIM M，et al.，2017. Rumen methanogens and mitigation of methane emission by anti–methanogenic compounds and substances[J]. Journal of Animal Science and Biotechnology，8（1）：1–18.

PEN B，TAKAURA K，YAMAGUCHI S，et al.，2007. Effects of Yucca schidigera and Quillaja saponaria with or without β 1–4 galacto–oligosaccharides on ruminal fermentation，methane production and nitrogen utilization in sheep[J]. Animal Feed Science & Technology，138（1）：75–88.

PENG X，HU L，LIU Y，et al.，2016. Effects of lowprotein diets supplemented with indispensable amino acids on growth performance，intestinal morphology and immunological parameters in 13 to 35 kg pigs[J]. Animal，10（11）：1812–1820.

POMAR C，POMAR J，DUBEAU F，et al.，2014. The impact of daily multiphase feeding on animal performance，body composition，nitrogen and phosphorus excretions，and feed costs in growing–finishing pigs[J]. Animal，8（5）：704–713.

ROSERO D S，ODLE J，MENDOZA S M，et al.，2015. Impact of dietary lipids on sow milk composition and balance of essential fatty acids during lactation in prolific sows[J]. Journal of Animal Science，93（6）：2935–2947.

UTSAV P T，RAJESH J，2016. Nutrient profile and digestibility of tubers and agro–industrial coproducts determined using an in vitro model of swine[J]. Animal Nutrition，2（4）：357–360.

WEN X，WANG L，ZHENG C，et al.，2018. Fecal scores and microbial metabolites in weaned piglets fed different protein sources and levels[J]. Animal Nutrition，4（1）：31–36.

WILLIAMS B A，BOSCH M W，BOER H，et al.，2005. An in vitro batch culture method to assess potential fermentability of feed ingredients for monogastric diets[J]. Animal Feed Science and Technology，123–124（1），445–462.

WITZIG M，ZEDER M，RODEHUTSCORD M，2018. Effect of the ionophore monensin and tannin extracts supplemented to grass silage on populations of ruminal cellulolytics and methanogens in vitro[J]. Anaerobe，50：44–54.

WOYENGO T A，JHA R，BELTRANENA E，et al.，2013. Nutrient digestibility of lentil and regular–and low–oligosaccharide，micronized full–fat soybean fed to grower pigs[J]. Journal of Animal Science，92（1）：229–237.

XU M，CHE L，GAO K，et al.，2019. Effects of dietary taurine supplementation to gilts during late gestation and lactation on offspring growth and oxidative stress[J]. Animals，9（5）：220.

YANG C，TAKAHASHI T，HORIGUCHI K I，et al.，2010. Methane emissions from sheep fed fermented or non–fermented total mixed ration containing whole–crop rice and rice bran[J]. Animal Feed Science & Technology，157（1–2）：72–78.

第六章
动物环境需求与调控

随着畜牧业的发展，养殖者越来越注重环境对动物的影响。动物在生长的生理阶段、生理过程、各项生产指标均受到环境的影响，环境条件的改善可以使饲料效率和动物生产力显著提高。越来越多的研究开始探究环境因素与动物的关系，以确定单独或综合的环境因素通过不同的途径对动物机体产生的影响。

第一节　不同环境因素对动物的影响

一、温度

温度对动物的影响十分明显。环境温度直接或间接影响生物的生长发育，生活状态，繁殖以及栖息地分布。每种动物都存在其最适温度区间，在这个区间里，生物体能够健康地生长发育。在动物的最适温度区间内，动物的生理反应会随着温度的增高而加快，其发育也会随之加快，但随着温度的下降，生理反应与生长发育也会相应减慢。但是，当温度高于或者低于其最适温度区间，动物体的生长发育将会有所影响，甚至造成死亡。此外，温度改变所造成的其他环境变化也会影响动物的活动。

以羊为例，羊的适宜温度为 5 ~ 25℃，在此范围内羊的生产性能、饲料利用率和抗病能力都较高。羊羔的体温调节机能尚不健全，抵抗高温、低温的能力差，适宜的温度能够保障其健康生长发育，当环境温度低于 -15℃或高于 30℃时，将严重影响羊羔的正常生理机能或导致新陈代谢紊乱，最终使体重减轻和掉膘，羔羊成活率下降。

（一）高温对动物的影响

超过适宜温区会对动物产生影响，温度越高对动物的伤害越大。高温对动物的有害影响主要是破坏酶的活性，使蛋白质凝固变性，造成缺氧、排泄功能失调和神经系统麻痹等。

夏季高温天气不仅使羊场内病原微生物大量滋生，更容易导致羊热应激，造成抵抗力降低、生产性能下降或疾病发生的现象（颜培实等，2011）。对公羊而言，高温能降低公羊的精液品质和性欲，使精子活力下降，正常精子数量减少，精子的存活时间明显缩短，顶体完整率也明显下降，畸形精子数量上升，公羊的繁殖力下降。对母羊而言，高温影响母羊的性行为，干扰激素水平的调节，影响生殖内分泌系统，降低排出卵子的数量和质量，直接影响着床期的受精卵，造成胚胎死亡，受到高温影响的妊娠期母羊，其羔羊生活力较低，死亡率高。持续高温天气还会引发羊呼吸系统疾病和中暑等，重者可导致死亡（张亮等，2018）。

一般认为，产蛋鸡的适宜温度为 13 ~ 23℃，临界温度为 0 ~ 30℃，当温度超过适宜温度上限临界值时，其生产性能受到影响。在高温环境下，由于蛋鸡体温调节中枢的机能降低，使散热减少。另外，外界环境的热能还可通过辐射、对流进入蛋鸡体内，导致体温升高。高温导致蛋鸡采食量下降，环境温度每上升 1℃，采食量下降 4.6%。由于采食量下降，鸡体组织和产品的能量、蛋白质、维生素和矿物质含量不足，从而使产蛋率下降，蛋重减轻。高温本身也影响鸡的生理功能，使鸡的饲料利用率和生产性能下降，其中 40% ~ 50% 的产蛋率和蛋重下降是由于采食量下降所致。高温时，母鸡体内的雌二醇水平降低，促黄体激素下降，同时孕酮分泌量降低，从而影响卵泡发育，使产蛋量降低。夏季易发生高温的地区，应用隔热性能好的材料建筑鸡舍，并在鸡舍周围种植花草树木，减少太阳辐射。在鸡舍内安装风扇，加强通风换气，促进体热散发。湿帘是最经济的降温措施，在北方地区可降低舍温 7 ~ 10℃，温度越高效果越好，可使饲养密度提高 10% ~ 20%，死亡率下降 40%，产蛋率提高 4% ~ 6%。

（二）低温对动物的影响

温度低于一定水平时，温度降低越多对生物的伤害越大。低温伤害一般分冷害、霜害和冻害。对喜温动物而言，低温状态下，生物体 ATP 产量会降低，酶活性大幅降低，最终导致生物体生理机能降低，平衡遭到破坏，最终导致生物体的死亡。此外，当温度低于冰点时，细胞结构会遭到破坏，蛋白质会失活甚至变性（王东风，2010）。

在寒冷的冬季，羊摄入的饲料大部分都用来抵御寒冷，引起的后果就是肥育羊吃得多、长得慢，料重比降低。过冷会影响羊内分泌，使甲状腺、肾上腺的功能增强，而生殖系统活动减弱或停止，表现不发情或不排卵。

据报道，当舍温降到9 ~ 12℃时，鸡难以维持正常的体温和产蛋高峰，如果温度降到9℃以下，鸡会变得行动迟缓。低温可使鸡的维持需要增多，料蛋比增高，产蛋量下降，但蛋较大，蛋壳质量一般不受影响。一般认为，温度持续在7℃以下对产蛋量和饲料利用率都有不良影响。在昼夜温差较大的气候条件下，如果蛋鸡处在气温变化为12.8 ~ 32.2℃的循环中，产蛋较12.8℃的恒温高，而且产蛋率、蛋重和蛋壳质量下降，但以上各项指标尚高于32.2℃的恒温（张永刚等，2007）。

二、湿度

湿度通过直接和间接的途径对动物体发生多方面的影响。间接影响是通过空气、土壤、水、植物和微生物等而引起的。直接影响则表现为对动物体生理机能的影响，主要是对产热和散热机能的影响，并由此影响着所有的生理机能。

水分蒸发是家畜发散体热的一个重要方式，蒸发的程度决定于空气的潮湿程度，当空气潮湿时，机体的水分蒸发会受到抑制。在一般温度下，动物通过蒸发所散失的热量约占其产生的总热量的25%，所以蒸发过程受到抑制就会使动物的散热受阻，热量在体内大量累积。所以，在高温时动物对于潮湿特别难以忍受。相反，动物对于空气干燥而引起的水分大量蒸发比较容易忍受，而由此所引起的渴感，只要供给足够的饮水就可以解除。

（一）高温高湿对动物的影响

在高温情况下，水汽可将它所吸收的热量发散出来，阻碍了动物体的散热，使皮肤变热。由此可知，水汽是影响动物体热发散的主要因素之一，寒冷时使散热增强，炎热时使散热受到抑制，这就破坏了动物的体热代谢。此外，很多试验证明，高温能促使致病性真菌、细菌和寄生虫的发育，使家畜易患疥癣、湿疹等皮肤病。长期将家畜饲养在温度较高的畜舍中，家畜的食欲和对饲料营养物质的消化、吸收能力降低，以至影响生长发育和生产能力。

当气温升高时，皮肤血管扩充，大量的血液流向皮肤，把体内的代谢产热带到体表，这时皮肤温度升高，以增加皮肤温度与气温之差，提高非蒸发散热量。但随着外界温度的升高，皮温与气温之差减少，非蒸发散热作用逐渐减弱，转而蒸发散热占比增加。当环境温度等于体温时，非蒸发散热完全失效，全部代谢产热必须由蒸发发散；如果气温高于体温，机体还通过传导、对流和辐射自环境获得热量，这时蒸发作用必须排除体内产生的热量和自环境获得的热量，才能维持体温正常，一般家畜很难维持体温恒定。

高温高湿会增加舍内有害气体的体积，在此环境条件下的羔羊群极易引起呼吸系统疾病，如感冒、咳嗽、哮喘、气管炎、肺炎、肺水肿等。如有害气体过度吸入，会导致其血液浓度过高，引起羔羊发生中毒、心力衰竭等全身性疾病。在高温高湿的环境中，容易引起饲料、垫料受潮发霉，霉菌旺盛繁殖并产生大量毒素，羔羊采食发霉变质的饲料后，轻者会引起腹泻下痢，重者会导致曲霉菌病、霉菌毒素中毒。同时，高湿也为其他致病菌和寄生虫的生存和繁殖创造了条件，在饲养管理、羊群防疫、消毒、隔离等防范措施不到位的情况下，会导致一些疾病，如羔羊痢疾、大肠杆菌病及体内外寄生虫病的流行。高湿环境易导致羊的蹄质软化，蹄质和蹄叉抵抗力减退，致使有害微生物乘机侵入而诱发腐蹄病。高温高湿会导致羔羊的体质下降，降低羊对疾病的抵抗力。在气温较高的夏秋季，如羊舍湿度过大，会使羔羊散热困难，易产生热应激，免疫性能受到抑制。

（二）低温高湿对动物的影响

在低温情况下，水汽使空气的吸热能力增加。同时，湿空气具有较高的导热性，增加机体传导散热能力。此外，在低温和中温情况下，水汽使动物的散热能力大大加强，加剧了低温对于动物的危害。在低温情况下，高湿促进了机体的散热，导致动物容易发生各种疾病。蒸发散热通过皮肤和呼吸道两条途径进行。

以低温高湿对羔羊生长的影响为例进行介绍。在低温环境中，空气湿度增加，羔羊生长和肥育速度下降，增重率和饲料利用率显著下降。在低温高湿的冬春季节，水汽会使羊舍内的空气和地面等的导热性升高，降低舍内的保温性能，而致羔羊的能量消耗增加，降低羔羊的抗病能力，容易诱发呼吸道疾病，如感冒、支气管炎、肺炎等，还会导致肌肉、关节的风湿性疾病和神经痛等。

（三）低湿对动物的影响

机体对于干燥空气容易忍受，因为在低温时，干燥空气能使动物的体热发散减少；在高温时能促进水分蒸发，提高热的发散。空气过分干燥，能使动物的皮肤和暴露在外面的黏膜严重干裂，因而大大减弱皮肤和黏膜对于微生物的防御能力；与此同时，空气中的灰尘也大大增多。我国西北部某些地区，夏季中午前后常不得不在畜舍中洒水，以提高舍内湿度。

湿度是通过影响羊的体热平衡而影响其生产水平，羊舍适宜的相对湿度是55% ~ 60%，最高不超过75%，湿度过高、过低都会影响羊的生长发育。一般情况下，干燥的环境对羊的生产和健康较为有利，尤其是在低温的情况更是如此。高湿会导致母羊发情无规律、症状不明显，甚至不发情，以致延误母羊的配种而出现空怀。公羊在较高湿度下，会导致公羊的性欲下降，精子的活力和密度降低，严重影响其繁殖性能。潮湿环境利于细菌等微生物繁殖，羊容易患疥癣、湿疹、腐蹄病以及呼吸道疾病等。在高温高湿条件下，羊的日增重和饲料利用率都会明显下降，持续时间长容易引起呼吸困难、体温升高，甚至机体功能失调直至死亡。但是温度特别高且空气又过于干燥，羊皮肤和外露黏膜干裂，减弱皮肤和外露黏膜对病原微生物的抵抗力。所以湿度过高、过低都会对羊的生产和健康带来影响（张亮等，2018）。

湿度对动物的生长发育和生产性能也有影响。当相对湿度自45%升高到95%，猪的平均日增重下降6% ~ 8%。如果气温高于适宜温度11℃，相对湿度80%时的日增重和饲料利用率均较50%时低（李震钟等，1999）。另有报道，猪舍温度相同而相对湿度分别为75% ~ 78%和95% ~ 98%饲养4个月前一组日增重较后一组高4.3%，单位增重耗料少5%（李震钟等，1986）。邵燕华等（2002）研究发现，当环境温度28℃，相对湿度从30%上升到90%时，猪日增重下降16%。当环境温度为33℃，相对湿度从20%上升到80%，日增重下降29%，单位增重耗料增加21%。在牛试验将两组犊牛饲养在舍温7℃而湿度分别为75%和95%的牛舍中饲养6个月平均日增重分别为403 g和345 g。

据报道，在气温24℃、相对湿度从38%提高到78%时，荷斯坦牛、娟姗牛和瑞士褐牛的奶产量分别下降4%、7%和1%。当舍温34℃，相对湿度从46%提高到80%时奶产量分别下降22%、12%和13%（郑丕留，1992）。另有报道，气温从23.9℃上升到37.8℃，在低湿度下瑞士褐牛、娟姗牛和黑白花奶牛日产奶量从11 ~ 12 kg降为5 ~ 9 kg，在高湿度下降到2.5 ~ 4.5 kg。据分析，气温29.4℃、相对湿度90%对牛产奶影响与气温35℃、相对湿度45%时相同，说明相对湿度自45%升高到90%相当于气温升高5.6℃。湿度还影响寿命，如在气温32℃、相对湿度80% ~ 90%时鼠蚤的平均寿命为152 h而相对湿度27%时只能存活27 h。豆象则相反，成虫期湿度越低寿命越长（华东师范大学等，1981）。

三、光照

光在多方面连接着动物与外界环境，其对动物集体的生理过程有一系列重要的影响。对哺乳动物而言，眼睛接收到可见光将产生兴奋，同时兴奋将传递至下丘脑使其分泌促释放激素，将直接影响集体的生长发育与繁殖。此外，光还会作用松果体，减少褪黑素的产生。此外，光照强度对动物的生物学效应也不同。

光照时间的不同也会给动物带来影响。白昼时间的不同会刺激不同动物的性腺活动和发育，促使其繁殖、配种。此外，光照时间虽对生长发育无直接影响，但其会影响动物的采食，从而间接影响动物的身高和发育。

（一）光照对羔羊的影响

一般情况下，充足的自然光照会对羔羊产生良好的作用。红外线可促使羔羊全身血管扩张，内脏血压降低，血液循环旺盛，对健康和生长发育很有利。紫外线不仅具有杀菌作用，还可以改善机体钙、磷代谢并增强机体的免疫机能，增加抗体，如果缺乏紫外线照射，就会使羔羊代谢紊乱，生长停滞，生产力下降，体质虚弱，发病率升高。

在夏季太阳光下暴晒，羔羊会出现热应激反应，引起日射症而出现一系列的神经症状，严重时可导致心脏和呼吸中枢麻痹而死亡。在羔羊采食含有叶红素的荞麦、三叶草和苜蓿等植物，或机体本身产生异常代谢物，或感染病灶吸收病毒等情况下，阳光中的紫外线会激发这些光敏物质对机体产生明显的作用，引起“光敏反应”，导致皮肤过敏、皮肤炎症或坏死现象。

（二）光照对肥育羊的影响

在羔羊育肥时，应适当增加光照时间。光照可通过视觉系统刺激羔羊，兴奋神经系统，减少褪黑色素和其他神经抑制递质的分泌，使其处于清醒状态，刺激采食活动，延长采食时间，在饲养密度和饲料充足的情况下，增加群体中弱者的采食机会，提高羔羊采食的均衡性；同时，长光照可提高羔羊对营养物质的消化吸收能力，刺激机体分泌与生长发育有关的激素，通过激素作用促进蛋白质和脂肪的合成，有利于沉积脂肪。

（三）光照对种羊的影响

光照是影响母羊发情的一个主要原因。羊为短日照季节性发情动物，对于性成熟的母羊，光照缩短，会使其生殖机能处于兴奋和旺盛状态，使其发情。反之，光照时间延长则会抑制母羊发情。尽管对于绵羊、山羊短日照动物缩短光照时间可诱导其发情，但并不意味着长光照对其生殖器官的发育有不良影响。

（四）光照时间的影响

光照时间的长短对肉羊有一定影响，适当光照长度可提高肉羊的免疫力和生产力，过长或过短对家畜均不利。一般而言，肉羊所需的照明时间为7.5 ~ 10 h，羊只头部水平位置的光照强度为100 lx。此外，再加上机械照明时间，能够满足其生理福利的要求（付永利等，2019）。

四、声音对动物的影响

声音一般分为两类，在社会学和心理学上凡是使身心愉悦、放松的音乐称乐音；引起烦躁感的，影响生理机能和健康的称噪声。研究表明，声压级超过50 dB会影响任何动物的睡眠和休息，更高会造成动物不安、紧张（张赵彬，2019）。短时间暴露在噪声环境中，会出现听觉能力短暂性下降，而当长时间或者反复接触噪声，听力会明显下降，出现听觉疲劳现象，此时如果未采取保护措施，持续接触噪声，会造成永久性的听力受损。此外，噪声不仅能损伤听神经，还能损伤视觉神经。研究表示，乐音可以提高动物记忆力和刺激学习能力，改善心血管系统，刺激免疫系统，直接或间接影响动物的应激水平（朱毅，2018）。

根据资料显示，120 ~ 130 dB的噪声能引起动物听觉器官的病理性变化，130 ~ 150 dB的噪声能引起动物听觉器官的损伤和其他器官的病理性变化，150 dB以上的噪声能造成动物内脏器官发生损伤，甚至死亡。此外，噪声还会对机体系统产生影响。噪声能引起烦躁、血压升高、心率加快等症状，还会导致食欲减退、胃液分泌失调等消化系统紊乱。对猪来说，剧烈的噪声也会出现不良反应。首先是噪声影响猪的休息，休息不好，则会增加烦躁感，出现各种不良的应激反应，至少会增加能量消耗，降低饲料利用率。母猪在产仔时，如果遇到噪声，很可能出现拒哺和咬仔现象。噪声由75 dB增至100 dB，可使绵羊的平均日增重量和饲料利用率降低。噪声可使羊血压升高，脉搏加快，也可引起羊烦躁不安，神经紧张。严重的噪声刺激，可以引起羊产生应激反应，导致死亡。此外，噪声还会使动物体免疫机能下降，增加营养物质的消耗量。噪声还会导致内分泌系统失调，致使神经系统长期处于兴奋状态（颜培实等，2011）。

五、有害气体

畜禽舍内畜禽排泄物与饲料等物质的分解会产生大量化学物质，此时如果通风不畅，舍内空气成分比例将会改变，有毒有害的分解物也将沉积，危害畜禽健康，影响畜禽的生产（王魁成等，2020）。

以羊舍为例，羊舍内有害气体主要为 NH_3 和 H_2S，原因是羊粪污、垫草、垫料以及饲料残渣发酵分解产生，多见于夏季、寒冷季节通风不良的密闭羊舍，以羊粪污产生的影响最大。刚排出的畜禽粪便含有 NH_3、H_2S 等有害气体，在未能及时清除的情况下臭味将成倍增加，恶臭气体将导致空气污浊。畜禽粪便大量长期堆积产生的恶臭和有害气体大多具有强烈的刺激性和毒性，直接影响羊的健康及生产性能，间接危害人和羊群。羊场环境卫生状况恶化，易引起羊群慢性中毒，导致羊群生产力下降。水源在受到长期大量的羊粪污染时，可能会造成水体中的许多病原微生物和寄生虫滋生。畜禽粪尿中有害微生物及寄生虫卵的传播给人类的健康带来严重影响。另外，羊的布鲁氏菌病、炭疽、血吸虫病和脑棘球蚴病等人兽共患病，通过羊排泄物在一定的条件下可感染人类，对人类造成极大的危害。

第二节 环境调控技术

随着人们生活水平的不断提高，畜禽产品的需求也在不断增加，促使我国畜牧业向规模化、集约化、标准化方向转型升级。近年来，以数字化信息技术为核心的畜禽智能养殖技术不断深入；环境调控系统、自动饲喂和收采机器人等智能化养殖设备，有效地提高了畜禽养殖业生产效率、解决劳动力资源短缺问题，实现健康福利养殖。

养殖环境是影响畜禽健康和生产力的重要因素之一。现存的环境调控技术可在一定程度上为畜禽提供适宜的生产环境，这不仅保证了动物本身健康，更提高了畜禽产品质量、动物食品安全和养殖场经济效益。畜禽舍环境调控主要包括热环境调控、空气质量调控和光照调控等。

一、热环境调控

现代畜禽养殖基本为舍饲饲养，环境温度适宜时，动物健康水平良好，生产性能和饲料利用率都较高，过高或过低的温度会引起动物热应激或冷应激，破坏体热平衡，导致畜禽生产力下降或停止，甚至死亡。在持续高温中，动物的采食量较常温环境下有所下降且会随着温度的升高持续下降。此外，高温会破坏动物体热平衡，导致动物生产力下降甚至死亡（杨飞云等，2019）。

（一）机械控温

为缓解畜禽高温热应激，规模养殖场常用的降温方式有湿垫-风机蒸发降温、滴水 / 喷雾蒸发降温和地板局部降温等（图 6-1）。纵向负压通风鸡舍采用湿垫-风机降温系统，Hui 等（2018）研究了我国北方地区夏季因湿帘降温纵向通风导致舍内气温骤降产生的温降应激，提出了基于湿球温度的舍内温度调控新方法。王阳等（2018）针对西北干旱高昼夜温差地区的湿帘降温和通风系统设计新方法，采用山墙集中排风和纵墙均匀进风的夏季环境调控新技术，实现了西北干旱地区夏季降温防骤降应激与温度场和气流场的均匀管控。

图 6-1　降温设施

（二）房舍改造和部件增加

而当位于寒冷地区时，加温技术也随之产生，部分畜舍采用可人工调节的保温板，或者专门制作了热循环保温箱，以期提高动物的成活率和生产性能。

畜禽舍屋顶、天棚、墙壁和门窗等外围护结构的合理设计和施工对于改善舍内环境，提高舍内温度发挥重要的作用。畜禽舍屋顶面积相对较大，舍内热空气上升，使屋顶成为畜禽舍外围护结构中热量散失最多的部分，合理设计屋顶样式，采用适宜热阻值的屋顶材料，增设天棚都可以有效提高屋顶的保温隔热作用。天棚可以将屋顶与舍内分隔，形成相对静止的空气缓冲层，冬季舍外冷空气通过与缓冲层的热交换得到了预热，可以避免冷空气直接进入舍内。天棚的高度一般为 2.0 ~ 2.5 m，随着高度增加，空气流通性增强，但保温效果降低。天棚可采用的材料有炉灰、锯末、玻璃棉、膨胀珍珠岩、矿棉、泡沫等（刘继军等，2008）。研究表明，通过选用不同热阻和隔热系数的材料对畜禽舍外围护结构进行改造，畜禽舍隔热性能明显提高，畜禽舍墙壁散失热量仅次于屋顶。选择导热系数小的材料，确定合理的隔热结构，提高施工质量等可以提高墙壁的保温能力（王晨光等，2013）。

目前，国外很多畜禽舍广泛采用一种典型的隔热墙，其外侧为波形铝板，内侧为 10 mm 防水胶合板，在防水胶合板的里面贴一层 0.1 mm 的聚乙烯防水层，铝板与胶合板间填充 100 mm 玻璃棉，这种隔热墙总厚度不足 12 cm，但总热阻可达 $3.81m^2 \cdot K/W$。在国内普遍采用的保温材料有全塑复合板、夹层保温复合板和复合聚苯板等。畜禽舍门窗的设计既要考虑通风换气和采光的效果，又要兼顾冬季采暖保温的作用。在受寒风侵袭的北侧、西侧墙应少设窗、门，并注意对北墙和西墙加强保温，必要时还要加设门斗或双层窗，以增强冬季保温效果。

（三）电气设备的温度调控

除墙体外，还有一些设备保证了冬季的保温，水热式地暖铺设在畜禽舍地面下，由主管道、分水器、分支管道构成（袁宝林，2012）。先铺设 20 mm 加密苯板保温层，在保温层上再铺设一层铝薄纸作为反射膜，然后把水管固定在其上。在水管上铺设 40 mm 厚的蜂窝层，用厚度 25 ~ 30 mm 的细砼压实。这种方法常用于产房的保温箱地面、产房仔猪的活动地面和保育舍的局部地面。热量来源可通过锅炉加热、太阳能收集的热量或地泵热源。但是，采用锅炉加热水源需要消耗煤炭，不仅消耗不可再生能源，而且煤炭燃烧还会产生 CO、SO_2 等有害气体，污染环境。通过太阳能系统或地泵热源加热水源，利用的是可再生能源，避免了不可再生能源的消耗及对环境的污染问题，但前期的投资相对较大。因为水垢问题，水热式地暖使用寿命最多不超过 10 年。暖风机是利用热源将空气加热到要求的温度，然后将热空气通过管道送入畜禽舍进行加热。其优势在于供温的同时也供给舍内新鲜的空气，既保证了适宜的舍温，又控制了舍内相对湿度和有害气体含量。颜伟俊等（2013）通过研究认为，改变暖风机与排气扇的联动通风模式为独立开关模式，可以有效提高肉鸡舍空气质量，降低鸡群呼吸道疾病的发病率。李国斌（2016）对严寒地区暖风机对鸡舍环境因素影响分析发现，双侧布置暖风机能有效改善远离暖风机侧温度过低的现象，同时对鸡舍内气流及 CO_2 分布影响较小。

热风炉设备主要包括热风炉、离心风机、风筒和温控器等部分，以煤为燃料对空气进行加热后输入畜禽舍进行供暖。黄丽娜等（2011）和汪保等（2015）研究认为，采用热风炉进行供暖的猪舍空气质量明显改善，母猪繁殖周期缩短，保育猪抵抗力增强，仔猪成活率提高。车文利等（2015）认为，将热风炉与地暖等取暖设备结合运用可以提高采暖效果，节约能源。暖气是通过锅炉对水进行加热，输送到畜禽舍内，通过舍内的散热片进行热量交换达到供暖的目的。但是，因畜禽一般处于低位，暖气散热片的热量是向上升的，取暖效果一般，而且投资大，占地面积也大，使用量正在减少。

空调是目前猪舍供暖方式中比较先进的设备，中央空调的工作原理是利用冷热水作为介质，达到供热、供冷以及除湿的目的。与暖气供暖相比，节省费用 40% ~ 50%；与热风炉相比，节省费用 60%；此外，正压通风可有效排除畜禽舍内有害气体，管道内设有消毒过滤装置可以保证新风的安全，并减少粉尘。雷云峰等（2016）对畜禽舍 6 种加热系统进行比较，结果发现，均可使舍内温度达到国家相应标准，能满足畜禽生长要求，试验期成活率均达 97% 以上，且各系统之间差异不显著。在畜禽生产中应用较多的红外加温设备有红外线灯泡、红外线辐射加热器、红外线灯保温伞等。研究发现，红外加温设备采暖效果较好，并有防治皮肤病的作用。

二、空气调控

（一）空气调控的原理及作用

空气调节系统又称空气调理，是用人为的方法处理室内空气的温度、湿度、洁净度和气流速度的技术。可使某些场所获得具有一定温度和一定湿度的空气，以满足使用者及生产过程的要求和改善劳动卫生和室内气候条件。

通风的主要作用是排除过多的水汽、热量和有害气体。畜禽舍通风换气系统的设计和通风量的确定必须作为畜禽舍建筑设计的一个重要组成部分加以考虑。通风量的确定可以根据舍内外的温度差、湿度差、换气量及畜禽数量来计算。在北方地区通常在生产中把夏季通风量作为畜禽舍最大通风量，冬季通风量作为最小通风量。在最冷的时期通风系统尽可能多地排除产生的水汽并尽可能少地带走热量。在炎热的夏季要在节约的原则下尽可能地排除湿热空气，在畜禽周围造成一个舒适的气流环境。

在温暖的季节通过开闭门窗能基本保证舍内所需要的通风换气量。北方地区越冬时往往封闭门窗，这就需要在建筑畜禽舍时留有自然通风口。畜禽舍的自然通风装置有多种形式。我国广泛采用流入排出式通风系统，由均匀分设在纵墙上的进气管和屋顶上的排气管组成。进气管一般设在距天棚40 ~ 50 cm处，断面20 cm×20 cm至25 cm×25 cm，彼此距离3 ~ 4 m，北侧墙上可适当少设进气管。排气管沿屋顶两侧交错垂直安装。下端由天棚开始，上端高出屋脊0.5 ~ 0.7 m，断面50 cm×50 cm，两个排气口距离8 ~ 12 m，内设调节板控制风量。

夏季高温期仅靠自然通风难以改善舍内的闷热环境，这时就要辅助机械通风。根据畜舍设计的最大通风量并考虑到阻力消耗求得总通风量。根据总风量和风机的功率即可求得风机台数。风机安装位置的选择保证舍内气流均匀。根据畜舍建筑形式的不同可选择安装在山墙、纵墙或屋顶。为了适应因温湿度变化所需风量的不同，可选用变速风机和组合风机等（崔杰等，2003）。

（二）空气调控的方式与类型

总体上，畜舍通风方式从大的方面分为自然通风和机械通风2种（图6–2）。

图6–2 畜舍排风系统

自然通风的动力是自然推动力、浮力和风，使空气从进口流入、再从出口排出。它不受地理位置的限制，世界各地的畜舍均可运用自然通风。

从工程学观点来看，通风系统的基本作用是使畜舍内保持适宜的温度。由于自然通风系统的通风口的大小是可调的，在炎热夏季加大通风口可以促进通风换气，而在寒冷季节缩小通风口可以减少通风。当舍外温度特别低时，由于超过所能控制的温度极限，应注意空气的湿度和污染程度。在某些地区，由于室外温度很高，畜禽舍的主要作用在于隔热和防止热应激。在这种情况下可采取开放式畜舍，即舍内舍外空气交换几乎无阻力、或通过卸掉畜禽舍的外墙、或加高建筑物扩大动物个体所占的空间等方法达到这一目的。

进气口的类型多种多样，既可设在屋顶天花板上或在墙壁下半部，也可设在侧壁的窗户上，还有用聚氨醋制作的进气口。热压是由舍内外温差产生的，它使得空气由位置较低的进气口流入舍内，再经处于较高位置的出气口排出。不考虑进气口的大小，同一类型的进气口既可产生浮力通风也可引起对流通风。

不同类型的上部开口，即出气口。有屋脊出气口、屋脊烟囱和中央烟囱三种类型。屋脊出气口是屋脊上的狭窄开口，可分为简单屋脊出气口、直立式屋脊出气口和带帽屋脊出气口三种。直立式屋脊出气口可减少空气的流入；而带帽屋脊出气口可增加空气的流入，当雪或雨垂直降落时可防止雨雪落入。通风烟囱比屋脊出气口更实用，一些特别是现有畜禽舍或带顶楼的畜禽舍多设通风烟囱为出气口。通风烟囱之间的最大距离通常是 20 m，而烟囱形状最好是矩形的。为了加强烟囱的通风效果和避免水汽凝结，通风烟囱应是绝热的。

目前应用较多的为负压通风系统，其具有结构相对较简单，投资少和管理费用低等优点，不过，这种系统无法控制入舍空气的某些状态，对于多风严寒地区不太适用。相反，正压通风系统可对进入空气进行加热、冷却、过滤等预处理，从而可有效保证畜禽舍内的适宜温湿状况和清洁空气环境的稳定性，故特别适用于严寒或炎热地区使用。

相比于横向通风系统，近期提出的纵向通风系统具有气流分布均匀，通风、降温和排污性能好等优点。若将该通风方式与湿帘（或称水帘）配套使用还可以非常有效地达到夏季降温的目的。

三、光照调节

光在多方面连接着动物与外界环境，其对动物集体的生理过程有一系列重要的影响。为保证畜禽生产性能，光色、光照强度和光周期的调控将促进动物体营养吸收和动物生长。

畜禽舍采光根据光源不同分为自然采光和人工采光。一般条件下，畜舍实行自然采光，当光照不足或者需要特殊光照时，会使用人工采光，为避免舍内温度升高，可设置遮阳设施，防止直射阳光进入舍内。

自然采光时，根据地点的不同，调整窗口的朝向、窗户的面积、入射光的角度等条件，同时根据外界的温度和环境的改变调整窗帘的开启程度，确保合适的光照。人工采光时，确保设备的合适度，使设备的安置达到最佳效果。对于畜禽舍的光照条件，可采取分区控制的方式进行，通过遮阳结构的开闭实现配合灯光照时间和强度的调节。根据畜禽的光照需要，光照强度逐渐调整，明显区分生产状态家禽养殖区的光照条件，制订合理的光照方案和时间分配，保证畜禽具有充足的休息时间，既有利于节省电量，还能保证畜禽质量，使产量明显增加（王伟全等，2019）。

畜禽舍进行修建时，应注意以下几个方面。畜禽舍南北窗的比例一般在（2 ~ 4）∶1，以保证太阳光均匀地进入畜禽舍之中。畜禽舍窗户上缘外侧与地面中央之间的连线与水平面之间的夹角，即入射角一般较大，不应低于25°。畜舍地面中央向窗户上缘外侧和下缘内侧所形成的夹角，即透光角不得小于5°。透光角的选择可以根据实际情况，有所调整，但不宜过大或者过小。畜禽舍的窗台高度会对透光角产生一定程度的影响，相关饲养人员在建造窗台高度时，最好使其处于1.2 ~ 1.5 m（张新风，2016）。

四、水调节

畜禽舍一般给水分为集中式和分散式。畜禽饮水设备一般为水槽或者各种饮水器，如乳头式、鸭嘴式、杯式、塔式等。饮水器一般采用集中式给水，设置在粪尿沟、漏缝地板附近。

地面水常含有泥沙等悬浮物和胶体物质，比较混浊，细菌的含量较多，需要采用混凝沉淀、砂滤和消毒法来改善水源水质。砂滤的原理是阻隔、沉淀和吸附作用，是把混浊的水通过砂层得到净化。滤水的效果决定于滤池的构造、滤料粒径的适当组合、滤层的厚度、滤过的速度、水的混浊程度等因素。集中式给水的过滤，一般分为慢砂滤池和快砂滤池两种。分散式给水的过滤，可在河或湖边挖渗水井，使水经过地层自然滤过，从而改善水质。如在水源和渗水井之间挖一砂滤沟，或建筑水边砂滤井，则能更好地改善水质。此外，也可采用砂滤缸或砂滤桶来过滤。

在规模畜禽养殖场采用集中式供水时，经净化处理（混凝沉淀和过滤）后的水，还必须进行消毒，地下水可不经净化处理，但通常仍需消毒。饮水消毒的方法很多，如氯化法、煮沸法、紫外线照射法、臭氧法、超声波法、高锰酸钾消毒法、碘制剂消毒法等，目前应用最广的是氯化消毒法，此法杀毒力强、设备简单、使用方便，费用低。集中式给水的加氯消毒主要用液态氯，经加氯机配成氯的水溶液或直接将氯气加入管道；分散式给水多用漂白粉精。漂白粉的杀菌力取决于其所含“有效氯”，新制漂白粉一般含有效氯25% ~ 35%，但漂白粉易受空气中CO_2、水分、光线和高温等影响而发生分解，使有效氯含量不断减少。因此，必须将漂白粉装在密闭、避光、低温、干燥处，并在使用前检查其中有效氯含量，如果有效氯低于15%，则不能作为饮水消毒使用。

供水系统包括贮水池、水塔、饮水管线、饮水器等，应每周冲洗1～2次，通常可先采用高压水冲洗供水系统内腔，而后加入清洁剂，经约1 h后排出药液，再以清水冲洗。清洁剂通常分为酸性清洁剂（如柠檬酸、醋等）和碱性清洁剂（如氨水）两类，使用清洁剂可除去供水管道中沉积的水垢、锈迹、水藻等，并与水中的钙或镁相结合。采用饮水投药进行疾病防治时，饮水投药前2 d对消毒后的饮水系统应彻底冲洗，以免残留的清洗消毒药物影响药效。投药结束后对饮水系统再次进行清洗，防止黏稠度较大的药物粘连于饮水管表面而产生氧化膜，防止营养药物（如电解多维等）残留饮水中滋生细菌（蔡喜佳，2019）。

五、自动化调控

近年来，以数字化技术为核心的畜禽智能化养殖技术不断深入畜禽养殖的各个环节。在养殖环境调控方面，将现有的单因素环境调控技术，与现代物联网智能化感知、传输和控制技术相结合，利用先进的网络技术设计成养殖环境监测与智能化调控系统。系统通过传感器获取畜禽舍内温度、湿度、光照度和有害气体浓度等环境参数信息，然后经过一定的方式将其传输到系统控制中心；主控器根据采集的环境数据经分析汇总后发出对应的操作命令，并下发给各环境参数控制的终端控制器节点，使其控制相应的现场设备，实现养殖场的环境自动调控。目前国内外已有多种养殖环境自动监控系统和平台，可实现畜禽养殖自动化环境调控，克服了传统人工监测控制的滞后、误差大及采用单一环境因素评价舍内复杂环境不准确等弊端，为动物创造一个能发挥其优良生产及繁殖性能的舍内环境。

六、粪污调控

畜舍粪便清除通常采用机械清除和水冲清除。当粪便与垫料混合或粪尿分离呈半干状态可采用机械清除清粪机械包括人力推车、地上轨道车、单轨吊罐、牵引刮板、电动或机动铲车等。为使粪与尿液、生产污水分离通常在畜禽舍中设置污水排出系统。液形物经排水系统入粪水池贮存，而固形物则借助人或机械直接用运载工具运至堆放场。为使尿水顺利流出，畜禽舍的地面应稍向排尿沟倾斜。水冲清粪法多在不使用垫料而采用漏粪地面时应用。由于漏粪地面下不便消毒易于造成环境污染、舍内空气湿度升高、地面卫生状况恶化，所以在使用水冲清粪方法时要考虑这些不利因素，建议使用机械通风设备。

第三节 智能化技术与装备

近年来，畜禽识别技术快速发展，机械物联网的出现，为实现智能化饲养管理和畜禽的健康预警提供技术支撑。畜禽饲养技术与装备不仅决定畜禽的饲养方式，影响畜禽养殖的环境条件，也影响生产效率、生产成本和生产效益。通过对畜禽饲养技术与装备的转型升级，奠定了畜禽养殖产业的可持续发展的基础。我国目前发展的畜禽养殖现代化技术与装备，主要是参照工业化与集约化养殖模式，在精准饲喂、自动化清粪和畜禽产品自动采收等方面取得一定进展。

一、生理指标识别

家畜体重和体尺是评价动物生长的重要参数，其变化趋势可评估动物的健康和生长状况。动物体尺、体重之间存在关联性，因此可利用体尺等生长参数预估动物体其他数据。目前国内外采用计算机视觉技术进行畜禽体尺体重测量，构建了单视角点云镜像、基于双目视觉原理和径向基（RBF）神经网络等测算方法，通过拍摄和计算，评估动物体参数，有较高的准确度。畜禽体温和心率数据是判断其健康状况的重要指征。目前，体温、心率的测定主要是基于无线物联网、红外测温、视频成像和心电传感等技术，研发的畜禽体温实时监测采集和心电监测系统，尚处于实验室阶段，实装仍需要一段时间的实验与优化。

二、声音识别

畜禽声音识别和定位是研究动物行为、反映动物健康的重要手段之一，对动物声音信号进行特征辨识和定位，能够提高异常行为辨识的准确率，帮助养殖企业及时掌握畜禽健康状况。现有的声源识别和定位技术主要采用麦克风、拾音器等收录设备将动物叫声、饮水声和咳嗽声等声音信息实时录制，并建立声音分析数据库，辨识动物异常发声，对早期疾病进行预警。

三、个体识别

个体识别是畜禽精准养殖管理的重要基础，主要包括图像识别和电子耳牌两种技术。但对动物的图像识别技术，如猪脸识别等目前尚处于探索阶段。电子耳标技术在母猪饲养上已有较多应用，但轻便小巧、便于动物佩戴、省电或具有自供电能力又方便获取信号的新型电子耳标尚有待开发。近年来开发应用较多的是采用手持机进行读写的方式，可实现个体的用料、免疫、疾病、死亡、称重、用药、出栏记录等日常信息管理，可追溯性较强。随着射频识别电子耳牌的国产化，应用范围将不断扩大。

四、精准饲喂

智能化精准饲喂已成为畜禽健康营养供给的重要措施。精准饲喂不仅可解决人工饲喂劳动强度大、工作效率低等问题，而且能根据畜禽不同生长阶段的营养需求进行调整，提高畜禽健康水平和生产效率。综合利用机电系统、无线网络技术、网络数据等智能化技术手段，研发猪用电子饲喂站和智能化饲喂机等基于信息感知、具有物联网特征的畜禽智能饲喂系统，可实现畜禽精细化、定时定量、均衡营养饲喂，提高饲喂效率和饲料利用率。

五、自动清粪

采用自动化清粪工艺方式是畜禽健康生产管理和粪污综合治理的重要前提。自动化清粪主要利用动物行为、机械设备和自动控制等技术，优化设计清粪工艺方式，改水泡粪工艺为机械刮板清粪、传送带清粪或清粪机器人等自动化清粪技术及装备，克服传统人工清粪工作效率低、劳动强度大、工作环境恶劣等问题，可实现畜禽养殖粪便的舍内高效清除和场内自动转运，为改善畜禽舍清洁状况、提高饲养管理效率和推动清洁养殖提供技术支撑。

六、畜禽产品自动采收

畜禽产品的自动收集是现代畜牧业的重要标志之一。机械自动收取不仅能降低劳动强度、节约劳动力成本，且可大幅提高生产效率。智能控制系统及配套装置设计研发的自动化挤奶机器人、捡蛋机器人、自动集蛋系统等畜禽产品自动或半自动收取系统现已广泛应用于国外规模养殖场，极大地提高了生产效率和产品质量。

第四节 环境调控的问题

虽然环境调控技术能提高畜禽生产效率，但我国整体机械化水平不高，尤其是智能养殖技术与装备尚处于起步阶段。养殖环境调控，自动饲喂、自动清洁、畜禽健康识别与预警技术与其他国家尚有较大差距，而且成本较高，且缺少具有自主知识产权的设备。因此，提升养殖智能装备技术与提高畜禽生产效率息息相关。

一、技术与创新

我国尚处于环境调控探索阶段，缺乏相应的人才、技术与设备，智能养殖主要依托于引进国外技术装备，投入成本高，且引进的技术多为淘汰技术。同时，畜禽养殖的智能化控制软件因其源程序不开放，控制模型不能根据用户当地情况的变化而进行调整或自行改进，难以建立畜禽场自身有效的数据库。

二、畜禽养殖标准化体系

虽然畜禽智能化养殖装备及产品研发的企业及相关产品增加迅速，但同类型的产品毫无规范可言，基本上处于相互模仿阶段，缺乏专业的行业指导，在智能感知信息技术的数字化、精准化方面跟不上，智能养殖装备技术与针对不同区域、不同养殖模式、不同养殖规模的标准化圈舍设计、养殖工艺参数不配套，导致技术不匹配。从经营者的角度来看，畜禽养殖场经营的目的是获取养殖盈利，增加收入和控制成本同样重要，经营更追求简单化。当前大型规模化设施养殖生产工艺一方面生产效率高，但另一方面很少考虑动物福利，设施养殖畜禽健康水平不容乐观，进而影响食品安全。从消费者的角度而言，价廉物美、食品安全是其首要考虑因素。基于不同角度的需求，二者如何有效结合，即在充分考虑技术可用性、可靠性及成本可控性的前提下，如何解决这一需求矛盾，是当前面临的困境。因此，畜禽设施精细养殖环境调控策略需要在不降低现代规模化养殖生产效益的前提下，从现有规模化养殖工艺仅重视生产效益、方便组织管理的“以人为本”的技术路线，转变为“以动物为本”、探求在满足动物福利需求下如何发挥动物最大遗传潜力的技术路线。

三、理论与实际

畜禽设施精细养殖是基于现代控制理论的原理与技术，对规模化畜禽生产系统进行智能化管理的一种机制。通过对畜禽生长环境及畜禽动态生理响应进行持续监测，并生成畜禽生产过程决策所需的数学模型，使养殖者及时发现和控制与畜禽优质高产相关的生长环境问题，进而获得预期的生产结果。在现代品种选育、规范养殖工艺条件下，全球同品种畜禽的生产性能好坏与其生长环境密切相关。因此，从环境控制的角度而言，引入在工业界有着成功应用的相关控制理论与成熟技术方案来实现对设施养殖环境的调控尤为重要。但从控制论的观点来看，相比工业领域控制对象的整齐划一和标准化，畜禽生命体实现完全、最优控制的难度极大，主要挑战表现在以下方面。一是如何实时动态感知获取畜禽生理变化信息并准确判断畜禽生长环境是否适宜，如何从传统的经验型定性评判进化到基于数字化模型的定量评判。二是如何且能否在性价比合适的条件下，采用适宜的控制手段实现预期的控制目标。

四、模型与算法

实验室研究和生产实践中的数据一直处于彼此脱节的状态，实际生产仍缺乏有效的工具来广泛使用已有的数据、知识和模型，通过软件匹配技术实现对传统传感器的参数调节、校准数字化，将感知到的各种物理量储存起来并按照指令处理这些数据将成为重中之重（李卫华，2005）。

第五节　环境调控的展望

一、畜禽智能养殖技术

从畜牧业可持续发展角度看，当前畜牧养殖产业存在的生物安全、环保安全和食品安全问题都与畜禽养殖环境调控与装备技术支撑能力不足有关。在畜禽环境智能调控、健康状态智能辨识、饲养过程智能技术装备研发方面，应加强本土化技术攻关，研发具有自主知识产权的智能化福利养殖技术与装备，降低生产成本，缩短与国外技术水平差距。

二、畜禽智能养殖标准化体系

应根据畜禽养殖环境控制需求，采用标准化生产管理及控制体系，监控管理畜禽生产过程中热环境、空气质量、光环境等养殖环境，以及动物生理和行为福利的智能监测，以确保动物健康和高效生产，推进人工智能技术与畜禽养殖高度融合。

三、畜牧环境调控与智能化养殖装备科技成果转化

支持应用开发类科研院所建设科技成果转化平台，提升共性技术的研究开发和服务能力；积极扶持高等院校、科研院所、企业联合攻关和科技成果转化，使畜禽智能养殖方面的新技术、新方法、新设备从理论走向实践，从实验研究走向试验示范，为应用于实际生产打好坚实基础。

面向未来，我国畜禽设施精细养殖技术应与不同区域、不同养殖模式、不同养殖规模的标准化圈舍设计、养殖工艺参数相配套，基于可靠获取及存储原始数据的大数据信息系统，将领域专业知识数字化，优化专业算法，利用云计算、模糊识别等各种智能计算技术对海量的数据和信息进行分析和处理，合理匹配“养殖工艺-设施设备-环境控制技术”的关联度，以达到对畜禽设施养殖精细管控的目的，在信息感知层面各类传感器的智能化，在应用层面将专家经验模型化，促使最终用户受益最大化。从粗放养殖、注重数量，到保障畜禽产品的供给安全，再到减少环境污染、提高动物福利，我国畜牧业正在加速升级，当今世界数字化、网络化技术的快速发展，为动物福利、信息管理与自然资源永续利用的融合发展创造了新的发展空间。数字畜牧、动物福利、精细养殖等新技术、新设备不断涌现，已成为国际畜牧业发展的前沿领域。国家相关部门应高度重视并主动作为，抓住机遇尽快布局并加快开展相关科技创新，加快提升畜牧业生产、管理和服务的数字化、信息化水平，以便在未来竞争中立于不败之地（滕光辉，2019）。

参考文献

蔡继琨，1994. 有毒气体对动物的危害及防治 [J]. 当代畜禽养殖业（2）：12–13.

蔡喜佳，2019. 畜禽养殖场的饮水管理技术 [J]. 山东畜牧兽医，40（6）：23–24.

车文利，程素彩，王学迁，等，2015. 水暖地暖和暖风炉用于保育猪舍的效果分析 [J]. 黑龙

江畜牧兽医（6 下）：53–54.
崔杰，薛冰，张庆治，2003. 牛舍的环境控制 [J]. 辽宁畜牧兽医（4）：14–15.
付永利，张丹，唐佩娟，等，2019. 短光照季节光强对种公猪血液指标影响试验 [J]. 中国畜禽种业，15（1）：94–95.
华东师范大学，北京师范大学，复旦大学，等，1981. 动物生态学 [M]. 北京：高等教育出版社.
黄丽娜，黄成金，黄献，等，2011. 保育猪舍应用热风炉保温的效果分析 [J]. 广西畜牧兽医，27（1）：39–40.
焦伟娜，李卓程，刘虹家，等，2020. 新疆南北疆两羊场春季养殖环境指标差异比较及羔羊健康状况调查 [J]. 中国畜牧兽医，47（1）：306–314.
雷云峰，龚建军，曾凯，等，2016. 保育舍不同供暖方式的技术经济效果比较研究 [J]. 养猪（1）：73–75.
黎煊，赵建，高云，等，2018. 基于深度信念网络的猪咳嗽声识别 [J]. 农业机械学报（3）：179–186.
李国斌，2016. 严寒地区暖风机对鸡舍环境因素影响分析研究 [J]. 云南民族大学学报（自然科学版），25（4）：316–321.
李俊营，詹凯，吴俊锋，等，2012. 有窗封闭式鸡舍建筑热工性能设计的研究 [J]. 中国家禽，34（16）：15–19.
李卫华，2005. 农场动物福利研究 [D]. 北京：中国农业大学 .
李震钟，沈长江，吴湿华，等，1986. 家畜生态学 [M]. 郑州：河南科学技术出版社 .
李震钟，吴庆鹉，王新谋，等，1999. 家畜环境生理学 [M].2 版 . 北京：中国农业出版社 .
李卓，杜晓冬，毛涛涛，等，2016. 基于深度图像的猪体尺检测系统 [J]. 农业机械学报（3）：311–318.
刘继军，贾永全，2008. 畜牧场规划设计 [M] . 北京：中国农业出版社 .
刘金浩，林都，鲜浩，等，2016. 基于 ARM 一体机的改进生猪智能饲喂系统设计 [J]. 中国农机化学报（2）：97–100.
刘同海，李卓，滕光辉，等，2013. 基于 RBF 神经网络的种猪体重预测 [J]. 农业机械学报（8）：245–249.
毛晨羽，史彬林，徐元庆，等，2018. 光照对反刍动物生产性能与繁殖性能的影响 [J]. 动物营养学报，30（6）：2036–2041.
乔爱民，何博侠，王艳春，2016. 猪用智能粥料器控制系统研究 [J]. 农业机械学报（7）：166–175.
邵燕华，陈志银，崔绍荣，2002. 畜舍小气候对猪的影响 [J]. 家畜生态（1）：67–68.
石志芳，姬真真，席磊，2017. 我国封闭式畜禽舍采暖工艺与采暖设备研究进展 [J]. 黑龙江畜牧兽医（22）：56–58, 293–294.
时建忠，2008. 动物福利若干问题的思考 [J]. 中国家禽，30（8）：1–3.

滕光辉，2019. 畜禽设施精细养殖中信息感知与环境调控综述 [J]. 智慧农业，1（3）：1–12.
汪保，李胜，陈朝阳，2015. 规模化猪场使用热风炉对仔猪成活率影响 [J]. 中国畜禽种业，11（11）：61–62.
王晨光，王美芝，刘继军，等，2013. 南方肉牛舍夏季外围护结构隔热性能研究 [J]. 黑龙江畜牧兽医（9上）：51–55.
王东风，2010. 温度对动物的影响 [J]. 养殖技术顾问（7）：24.
王魁成，江世艳，2020. 圈舍有毒有害气体对动物危害和预防 [J]. 中国畜禽种业，16（9）：70.
王伟全，付亚萍，田成禄，2019. 鸡舍自动化养殖环境控制技术及优化分析 [J]. 黑龙江动物繁殖，27（6）：27–29.
王阳，郑炜超，李绚阳，等，2018. 西北地区纵墙湿帘山墙排风系统改善夏季蛋鸡舍内热环境 [J]. 农业工程学报，34（21）：202–207.
熊本海，杨亮，曹沛，等，2014. 哺乳母猪自动饲喂机电控制系统的优化设计及试验 [J]. 农业工程学报（20）：28–33.
颜培实，李如治，2011. 家畜环境卫生学 [M].4 版 . 北京：高等教育出版社 .
颜伟俊，王韦华，2013. 暖风机供暖舍内气候环境对肉鸡疾病发生的影响及改善措施 [J]. 上海畜牧兽医通讯（6）：74–75.
杨飞云，曾雅琼，冯泽猛，等，2019. 畜禽养殖环境调控与智能养殖装备技术研究进展 [J]. 中国科学院院刊，34（2）：163–173.
杨艳，滕光辉，李保明，2006. 利用二维数字图像估算种猪体重 [J]. 中国农业大学学报，11（3）：61–64.
袁宝林，汤志兴，沈荣林，等，2012. 不同保暖方式在猪产房和保育舍上的应用 [J]. 上海畜牧兽医通讯（5）：79.
张亮，马慧钟，张伟涛，等，2018. 规模化羊场环境对羊的影响及控制措施 [J]. 北方牧业（18）：11–12.
张心如，罗宜熟，杜干英，等，2006. 空气湿度与动物的关系 [J]. 家畜生态学报（6）：178–182.
张新风，2016. 畜舍的朝向与采光 [J]. 当代畜牧（23）：32.
张永刚，李铁军，印遇龙，等，2007. 环境温度对畜禽的影响 [J]. 中国畜牧兽医文摘（3）：52–53.
张赵彬，2019. 噪声对动物生理机能的干扰 [J]. 中外企业家（36）：222.
郑丕留，1992. 中国家畜生态 [M]. 北京：农业出版社 .
朱毅，2018. 音乐环境对动物影响的研究 [J]. 农村经济与科技，29（20）：32–33.
ALADE N K，RAJI A O，ATIKU M A，2008. Determination of appropriate model for the estimation of body weight in goats[J]. ARPN Journal of Agricultural and Biological Science，3（4）：52–57.

DU X，LAO F，TENG G，2018. A sound source localisation analytical method for monitoring the abnormal night vocalisations of poultry[J]. Sensors，18（9）：2906.

EMANUELA T，ALBERTO F，MARCELLA G，2019. Review：environmental impact of livestock farming and precision livestock farming as a mitigation strategy [J]. Science of the Total Enironment，650：2751–2760.

FERRARI S，SILVA M，GUARINO M，et al.，2008. Cough sound analysis to identify respiratory infection in pigs[J]. Computers & Electronics in Agriculture，64（2）：318–325.

HEMSWORTH P，BARNETT J，HANSEN C，et al.，1986. Effects of social environment on welfare status and sexual behaviour of female pigs Ⅱ. Effects of space allowance[J]. Applied Animal Behaviour Science，16：259–267.

HUI X，LI B，XIN H，et al.，2018. New control strategy against temperature sudden-drop in the initial stage pf pad cooling process in poultry houses[J]. International Journal of Agricultural & Biological Engineering，11（1）：66–73.

JANZEKOVIC M，MURSEC B，JANZEKOVIC I，2011. Automatic and conventional system for feeding calves[J]. Journal of Achievements in Materials & Manufacturing Engineering，49（2）：566–572.

JUN K，KIM S J，JI H W，2018. Estimating pig weights from images without constraint on posture and illumination[J]. Computers and Electronics in Agriculture，153：169–176.

LU M，HE J，CHEN C，et al.，2018. An automatic ear base temperature extraction method for top view piglet thermal image[J]. Computers and Electronics in Agriculture，155：339–347.

MALLIN A，MCLVER R，ROBUCK R，et al.，2015. Industrial swine and poultry production causes chronic nutrient and fecal microbial stream pollution[J]. Water，Air，Soil Pollution，226：407.

SALAU J，HAAS J H，JUNGE W，et al.，2014. Feasibility of automated body trait determination using the SR4K time-of-flight camera in cow barns[J]. Springer Plus，3（1）：1–16.

SHAO B，XING H，2008. A real-time computer vision assessment and control of thermal comfort for group-housed pigs[J]. Computers and Electronics in Agriculture，62（1）：15–21.

SHI C，TENG G，LI Z，2016. An approach of pig weight estimation using binocular stereo system based on Labview[J]. Computers and Electronics in Agriculture，129：37–43

SHI C，ZHANG J，TENG G，2019. Mobile measuring system based on labview for pig body components estimation in a large-scale farm [J]. Computers and Electronics in Agriculture，156：399–405.

VANDERMEULEN J，BAHR C，JOHNSTON D，et al.，2016. Early recognition of bovine respiratory disease in calves using automated continuous monitoring of cough sounds[J]. Computers and Electronics in Agriculture，129：15–26.

YOUSSEF A，VIAZZI S，EXADAKTYLOS V，et al.，2014. Non-contact，motion-tolerant measurements of chicken（Gallus gallus）embryo heart rate（HR）using video imaging and signal processing[J]. Biosystems Engineering，125：9-16.

YU L，TENG G，LI B，et al.，2013. A remote-monitoring system for poultry production management using a 3G-based network[J]. Applied Engineering in Agriculture，29（4）：595-601.

第七章

动物的社交行为

所谓“社交行为”，是指“倾向于形成合作和相互依赖的关系”和“在或多或少有组织的社区中生活和繁衍”。有学者指出，一个社交的基本标准是“合作性质的互惠交流，超越单纯的性活动”。其他学者则指出，社会行为由涉及两个或多个成员的行为模式组成。本章阐述了动物社会行为的基本要素，并主要通过三种农场动物（牛、猪和羊）的社会行为展开详细叙述。

第一节　牛的社交行为

一、基本社交特征

家牛属于牛科。该科包括 14 个亚科，如牛亚科、绵羊亚科和山羊亚科，其中某些物种已被驯化。牛是牛科动物部落中最新和先进的，没有领土意识。它们的社会组织主要特征包括将雄性和雌性混群、幼牛早熟、群体防御、舔式社交和最短的社交距离。群体的规模不一，但通常由大约 20 头牛组成。在某些情况下，几个群体的聚集会导致多达数百甚至数千头动物的大群，如野牛群、非洲种群。在发情期之外，雄性要么是独居的，要么是由 2 ~ 10 头 3 岁或 4 岁个体组成的雄性群体。这些群体的凝聚力不如雌性群体。

（一）社会群体的组成和结构

在阿姆斯特丹岛上，雌性通常与两头小牛保持联系：一头刚出生的和一头 1 岁的。除这一基本结构外，研究者观察到三种主要类型的群体。一是任何年龄的雌性群体与一些亚成年雄性组成的牛群（平均群体大小为 10 头左右）；二是成年和亚成年雄性组成的牛群，其中很大一部分是单独的成年雄性牛群（平均群体大小为 3.5 头）；三是主要在交配季节的成年雄性和雌性混合组成的牛群（平均群体大小为 18 头）。年轻的雄性通常与其他亚成年雄性或成年雄性相互依存，而雌性则更多地与成年雌性相互依存。

在 Chillingham 牛群中，成年牛、小母牛和年轻公牛形成混合群组。然而，在冬季，当放牧场地的干草只在一个地方供应时，各种公牛群被迫相互接触。在西班牙南部的牧群中，雄性和雌性的大型混合群体是常见的（Lazo，1994），但这种情况下，群体中雄性数量非常少。

（二）交流

1. 视觉交流

视觉信号是牛最重要的通信手段之一。放牧哺乳动物有着广袤的双眼和全景视野，这是一种适应捕食动物生存的能力。他们的视角约为 320°。

2. 声音交流

牛和其他群居的放牧哺乳动物一样，通过发声进行交流，尽管程度不如其他野生动物。Schloeth（1961）报告了卡玛格牛的 11 种不同声信号。Kiley（1972）利用超声波图描述了六种不同类型的通话；在牛身上，发声大多数与刺激的兴奋程度和兴趣程度相关。例如，一头孤立的牛寻找同类，或是一头牛期待着一个愉快的事件，比如饮水、进食或挤奶。

3. 嗅觉交流

牛体内存在大量的嗅腺（趾间腺、眶下腺、腹股沟腺、皮脂腺等），表明嗅觉在其社会生活中的重要性。嗅觉线索在社会行为、性行为和母性行为中很重要。主嗅觉系统（嗅球）和次嗅觉系统（鼻腔器官）都被使用。牛表现出一种特殊的面部表情，使牛能够将气味直接接触到鼻腔器官。

嗅觉在社会关系中很重要，因为它有助于个体识别。牛可以单独通过嗅觉线索进行训练，以区分同种动物。等级顺序的建立和维持与具有完整嗅觉系统的动物的等级顺序没有区别。然而，牛鼻器官被堵塞和烧灼的阉牛更具攻击性，往往获得更高的社会地位（Klemm 等，1984）。另外，在泌乳奶牛身上喷洒茴香油可以降低其攻击行为的频率，并缓解重组后产奶量的下降。

最后，牛可以通过信息素传达它们的心理状态，尤其是在受到惊吓或压力时。如果小母牛处于压力的环境中，它们学习的速度会变慢，并且在压力过大的同伴的尿液存在时，它们接近装有食物的桶的时间会增加。

4. 触觉交流

触觉交流很少被记录，尽管触觉交流在性行为、母性行为、建立等级顺序和从属关系（同理）及人与动物关系中很重要。

（三）群内部互动

1. 雄性和雄性之间

野生牛科的社会系统以成年雄性之间的统治等级为特征。在野牛中，成年雄性之间以及亚成年雄性共同生活的单身群体中都观察到了这种等级制度。雄性之间的主导关系不如雌性之间稳定，中年雄性（3 ~ 5 岁）往往占主导地位。在奇灵厄姆牛群中，年长的雄性占主导地位并负责所有的交配。在卡马格牛群中，Schloeth（1961）指出，在 10 头公牛中，只有 2 头排名最高的公牛被观察到交配。

攻击性行为是牧场上共同饲养的公牛和阉牛最普遍的社会活动，性行为的发生率也很高。在 18 月龄之前，公牛和阉牛都有类似的空间要求，但当年龄较大时，公牛会变得更具“地域性”（Kilgour et al.，1973）。

2. 雌性和雌性之间

在奇灵厄姆牛群中，没有发现个体之间的特殊关联，但牛群之间存在很强的亲和力。研究者得出结论，朗姆岛上的自由放养奶牛的等级组织类似于在人类控制下饲养的动物。

3. 雌性和雄性之间

研究者观察到，成年雄性每天都会从内陆高海拔地区转移到低地地区，那里是雌性集中的地方，但它们不会与任何特定的雌性群体保持密切接触。另外，在西班牙南部，Lazo（1994）观察到四个畜群中的每个畜群都有几头成年公牛生活在一起。

4. 父母和子女之间

对野牛的亲子关系只有少数描述。在奇林汉姆和玛瑞玛牛群中，奶牛尽可能地与牛群隔离得以分娩。犊牛在与母牛一起放养之前，母牛哺育幼崽，但有时犊牛在下一头犊牛出生后会被停止哺育，从而导致犊牛的饥饿（Bilton，1957）。

在产后期间，奶牛表现出保护行为，可能会攻击犬、狐狸或靠近其犊牛的人类。在出生后的最初几天，奶牛会靠近它们的犊牛；之后，奶牛开始花更多的时间远离犊牛并逐渐融入成年牛群。产后时期对于犊牛与母牛之间建立联系至关重要。如果没有母性经验的奶牛在产犊后的前 24 h 内没有与任何犊牛接触，它们以后就不会接受犊牛哺乳。产犊后的肉牛只哺乳自己的犊牛。通常犊牛在出生后 1 h 内哺乳，有些犊牛甚至 4 h 都没有得到哺乳。当奶牛生下双胞胎时，亲子关系的建立通常没有问题。

舔舐是奶牛对犊牛的一项重要活动。母牛产后会长时间舔舐幼仔，并且在犊牛出生后的 10 多个月里，每天的舔舐次数仍然很高。大约 56% 的舔舐次数与哺乳有关。母牛和犊牛之间的特殊关系是持久的。当奶牛翌年没有生产新的犊牛时，小牛在 10 月龄时仍然每天吸奶 3 次，在大约 400 d 时每天吸奶 1.5 次。

5. 犊牛之间

根据出生后几天母牛和后代之间的关系，犊牛可以被视为“独居者”。不与母亲在一起时，它们会独自待在草丛中，通常会躺很长时间。Le Neindre（1984）观察到，在 2 ~ 5 d 进行的观察中，有 12% 的犊牛处于独居状态。然而，这段独居的时间相当短，出生后 3 周，即使与其他犊牛的互动次数有限，它们的大部分时间都与其他犊牛相处。

随着年龄的增长，犊牛与群体中其他成员的互动次数缓慢增加，与成年牛的互动次数相似。然而，他们在 2 月龄之前基本上没有对抗性。类似打架的活动在 2 周龄时就开始了，被称为“模拟打架”，尽管它们在与真实打架不同的社会背景下出现。在出生后的几个月里，雌性犊牛比雄性犊牛更经常地参与打斗。但在 6 月龄后，雄性会发起更多的打斗，并且作为伴侣更具吸引力。其他类型的牛群游戏包括蹦、跳、踢、撞、发声、摇头、运动、咬和抓。

在出生后的几个月，雄性和雌性犊牛与它们的母亲和牛群中的其他成员有着相似的关系。然而，与雌性犊牛相比，10 月龄的雄性犊牛与其他犊牛，尤其是其他雄性犊牛和其他奶牛有更多的互动。雄性犊牛逐渐形成单身群体，而同龄的雌性仍然与母亲非常亲近。这可能有助于建立具有特定亲和力的母系关系，并且可能是在野牛中观察到的社会结构的第一步。

二、商业条件下的社交行为

（一）社交团体

世界各地的牛在不同的管理系统下饲养。在发展中国家，牛通常与畜牧业联系在一起。牧牛人驱赶他们的牲畜，以便寻找食物并保护它们。在发达国家，有两种主要的管理类型。在传统奶牛群中，奶牛饲养犊牛 4 ~ 9 个月。在夏季，奶牛和它们的小牛一起吃草，通常每个牛群有 1 头公牛。当不用于繁殖时，雄性在断奶后被聚集到育肥场饲养。相比之下，在现代乳制品行业，犊牛在出生后不久就与母亲分离，大多数情况下是在 3 日龄之前。雌性犊牛被人工饲养和成群地饲养，直到它们加入牛群。雄性可用作生育犊牛或在育肥场饲养。奶牛群通常根据其生产和生理状态（泌乳、干奶）进行组合。人工授精是常见的做法。

在这些不同的管理类型下使用不同类型的牛。它们不仅在生产肉或奶的能力上不同，而且在行为上也不同。例如，用于牛肉生产的 Salers 奶牛比荷斯坦奶牛对新的个体更具选择性，并拒绝外来犊牛。犊牛也有所不同，Salers 犊牛试图与母亲保持更密切的联系。

（二）社交结构

1. 社交互动

社交互动可大致分为竞争性（包括攻击性行为和对攻击性的反应，主要是回避反应）和非竞争性（特别包括同理和性行为）。

根据仪式化程度，可以在牛身上描述几种类型的威胁，从简单的头部摆动运动到更复杂的模式。在其他牛科动物中也很常见的横向展示中，牛横向展示自己，头朝下，背部拱起，后腿向前拉，显示其最大的轮廓。牛也经常缓慢转动。这种威胁性的立场是矛盾的，可能表达出攻击或撤退的倾向。如果受威胁的动物反应迟缓或没有注意到威胁，占主导地位的动物就会发动攻击。通常是用前额对着对手的侧面或臀部进行打击，这可能会严重伤害受害者，特别是占主导地位的动物有角时。

然而，当群体中支配关系建立良好时，通常支配动物轻微移动时，受支配动物会撤退并回避。撤退或回避通常伴随着顺从的姿势，其中头部低下并远离对手。一般来说，回避反应或退缩是在攻击之后发生的，但是，在成熟的群体中，大多数这些行为发生在来自支配动物的攻击之前，并且这种撤退可以从很远的地方引发。

在建立支配关系之前，威胁行为一般会引发打斗行为。牛之间的打斗是头对头，然后是头对颈。打斗持续的时间变化很大，从几秒钟至 1 h 不等。然而，其中大部分的打斗持续时间很短（80% 的持续时间不到 1 min）。

牛群具有舔舐的行为主要包括舔头部、颈部和肩部区域或肛门生殖器和臀部。舔舐之前通常会要求舔舐，包括采用一种特殊的姿势，头部和颈部低下，颈部或胸部下方经常有轻微的颤动。例如，梳理毛发，通常牛会选择群体中年龄相近、等级相近或相关的动物进行梳理，从而可以起到缓解紧张的作用，加强社会纽带和稳定社会关系。

2. 领导力

领导力是指动物影响同伴运动和活动的能力。根据 Meese 等（1973）的定义，它被定义为“一种不平等的刺激形式，可能通过对特定环境变化反应阈值较低的动物来发挥作用，即某些动物对环境变化的反应可能比其他动物更快，这些动物可能会刺激它们的同伴”。所有放牧动物在各种社会环境下都表现出领导跟随行为。领导力可以被定义为社会性的，涉及控制攻击性和利他方面，例如，在群体面临危险时保护其他成员，或者是空间性的，涉及群体运动。

已经在各种情况下对牛进行了自愿或强迫的领导（即人类强迫的运动）研究。放牧、进出挤奶厅、挤压溜槽或挤压，以及各种其他管理情况通常被观察到。然而，这些不同的领导命令之间的相关性很低。Reinhardt（1973）报告支配地位和挤奶顺序之间的相关性为 0.41。进入挤奶厅与体重、年龄或优势无关，但高产奶牛确实首先进入。

领导能力和支配顺序之间通常没有什么相关性。然而，在自发的运动中，中等级别的奶牛一般都在群体的前面，高等级的奶牛在中间，低等级的奶牛在后面。

3. 优势关系

自 Schein 等（1955）工作以来，人们对牛的优势关系进行了广泛的研究。已经提出了各种方法来评估优势度（如优势度值）。仅仅对一个群体的观察就足以确定动物之间的关系，但对于大型群体或社交活动较少的群体来说，这可能是一项艰巨且乏味的任务。出于这些原因，提出几种基于对所需资源的竞争方法。

在野生有蹄类动物中，幼年动物部分基于其年龄和母亲的社会地位而融入先前存在的社会结构。在半自然条件下，在卡玛格牛群中观察到优势关系逐渐发展，在 12 月龄时仍然有些不稳定。在泽布牛群中，优势关系在 5 月龄最明显（Schloeth，1961）。

根据动物的经验和社会环境，社会等级可以在幼年建立。与人工饲养的幼崽相比，奶牛饲养的幼崽在更早的年龄就建立了支配关系（平均 4 ~ 5 月龄，而不是 9 月龄），它们在更早的年龄就学会了社会互动的重要性，比如威胁表现。在熟悉的动物中，优势的出现通常与第一次发情的时间相对应，此时有更多的社会互动。去卵巢母牛之间优势地位的建立被推迟。对于不熟悉的动物，6 月龄的雌性犊牛能够建立清晰稳定的优势关系。

在放牧生产中，在雌性动物中一般很少引入新成员。因此，其支配关系的建立非常迅速，在大多数情况下没有战斗，甚至没有身体接触。对出生时就没有与陌生个体接触过和“有经验”的雌性犊牛（以前与陌生个体接触过 1 ~ 5 次）进行比较，结果表明，社会经验深刻地影响了建立支配关系的速度方法。经验丰富的动物战斗较少，建立优势关系的速度要快得多，而且这些关系更稳定。

无论是通过操纵社会经验（在其他群体中处于支配地位或顺从地位），还是通过改变外表（颜色或气味的改变，用较大的假角装饰等），都很难通过试验改变支配关系。然而，Bouissou（1978）能够通过用丙酸睾酮或苯甲酸雌二醇处理的动物来彻底改变已建立的奶牛群体的社会秩序。在不改变它们之间的关系的情况下，经过处理的动物总是比未经处理的动物占优势，即使在停止处理后，这种等级逆转也会持续很长时间。

争斗仅限于见面后的第一天，甚至第一个小时。此后的关系通常由支配者的威胁和下级的回避反应来维持，没有身体接触。因此，视觉和嗅觉等非接触感官在维持关系中似乎很重要。然而，优势关系不会因视力丧失而改变，并且可以通过受控条件下的食物竞争测试来揭示。80% 的优势关系在一群被蒙住眼睛的奶牛中得以维持。

大多数研究者认为，年龄对于确定社会地位很重要。但是，控制其他因素几乎不可能实现，因为年龄通常与组中的资历、体重和经验有关。许多学者报道了社会等级与体重或身高之间的相关性。然而，体重和等级之间存在相关性并不一定证明体重的影响，因为体重可能是高社会等级的结果。牛角被认为是决定等级的重要因素，牧民通常认为去掉牛角会改变社会秩序。尽管角的存在在社会秩序正在建立时赋予了显著的优势，但在一个完善的群体中去除角只会改变少数关系。

早期经验，包括养育条件影响成年期的社会地位。Warnick 等（1977）发现分组小牛比单独饲养的小牛占优势。与被奶牛饲养的小母牛相比，被桶饲喂的小母牛的优势要小得多。

此外，还有一些研究证实了遗传对支配地位的影响。据报道，从出生起就与母亲分开饲养的小母牛的主导地位是遗传不良的。然而，同卵双胞胎或克隆牛很难相互排名，因为该群体的其他成员无法将一个双胞胎与另一个双胞胎区分开来。

性情，包括情绪反应或恐惧，可能是决定社会地位的最重要因素之一。地位较高的动物对于支配动物那里表现出的退缩的频率较低，未来占优势的小牛在建立关系之前也较少退缩。当有嗅觉障碍、被蒙住眼睛、不熟悉的奶牛第一次相遇时，一些动物在看到另一头奶牛时会不断地退缩，从而变得顺从。因此，恐惧似乎在社交关系的建立中起着关键作用。在一系列旨在通过雄激素处理改变稳定奶牛群的优势关系，或影响个体（小牛或成年牛）未来的社会地位的试验中，Bouissou 等（1982）以及 Boissy 等（1994）清楚地证明，雄激素处理的动物持续获得的更高优势能力是对同种动物恐惧程度较低以及总体反应性较低的结果。

4. 依附关系

大多数有蹄类动物的社会组织基础是母系群体，其中攻击性行为很少见，支配关系难以揭示。这表明这些群体的成员之间存在优先关系，并负责增强它们的凝聚力。在牛中，亲和力包括空间接近度、攻击性降低、积极互动增强以及在竞争情况下的容忍度。这种关系可以在奶牛与其后代甚至无关动物之间保持稳定数年。双胞胎通常表现出很强的亲和力，对于一起饲养的无血缘关系的犊牛来说也是如此。从出生起就在同一组中饲养的雌性犊牛彼此之间的攻击性较低，表现出更多的非竞争性互动，在喂养和休息期间保持空间联系，并且在食物竞争情况下比同群但未共同饲养的雌性犊牛更能容忍。

（三）群体规模和空间分配对社交行为的影响

高社会密度（每个个体的最小空间配额）和大群体规模减少了人力和建筑成本。然而，它们改变了动物的行为和生产。在拥挤的环境下，动物无法保持个体距离，被迫四处走动以躲避上级。在犊牛身上，发现应激行为和允许活动空间之间的负相关。在奶牛中，在高密度饲养条件下，社会攻击性增加。在群体规模过大的情况下，个体动物似乎难以记住所有同龄人的社会地位，这增加了奶牛和肉牛中攻击性互动的发生率。

这些情况大多与指示慢性应激的生理反应有关。例如，当牛群的空间容限低时，它们的日增重比它们有更多的空间时少。由于头锁数量不足或每头奶牛的管理空间不足导致的过度拥挤对行为和健康的影响大于群体规模养殖本身。

三、社交行为、管理和动物福利

牛的适应性很强，通常对现代农业实践反应良好。然而，这种适应能力可能会不堪重负。例如，加强动物饲养和管理可能会导致社会关系动荡，导致行为问题，进而影响生产力和福利。对于在开阔牧场或牧场饲养的牛来说，社会约束的重要性较低，尽管在大规模畜牧业中，动物之间的社会关系也可能对生产力产生影响。另外，社会环境通过社会或学习对个体对环境的适应产生积极影响。

（一）社交伙伴的影响

在暴露于环境压力期间，社会群体可以降低受试者应激反应。例如，小母牛不太可能在有伙伴的情况下对于异常的噪声有应激反应。动物不仅意识到伴侣的存在，而且意识到它们的情绪状态。当小母牛暴露在一个新的环境中时，它们在有伴侣的情况下比在没有伴侣的情况下表现出更低的进食倾向。社会影响很可能是由尿液中的嗅觉信号交流的。当含有应激动物信号的尿液被喷洒时，小母牛更不愿意接近一个新颖的物体。

与有经验的社会伙伴一起觅食可减少对新食物的恐惧症并促进幼龄动物接受新食物。同样，牛通过观察它们的同类避免这种食物来学会避免此种有害食物，反之亦然。以前接受过避免吃植物训练的犊牛在与正在吃这种植物的犊牛放在一起时开始吃这种植物。在自由放牧条件下放牧时，社会伙伴也可以影响牛的分布模式。成年牛会回到曾经作为犊牛被饲养的地方。

（二）动物分组

对不熟悉的动物进行重组和混合是肉牛和奶牛饲养中的常见做法。在混合后的几个小时内，可以观察到应激相互作用增加了10倍以上。许多研究报道了反复社会变化的行为和生理后果，这些变化可以反映奶牛和肉牛的社会压力。将陌生的牛引入稳定的牛群不仅影响引入的牛而且影响整个牛群的平均增重。在哺乳期根据产奶量重组奶牛是常见的。然而，群体重组后可能会导致泌乳奶牛奶产量的下降。

（三）分离问题

1. 隔离饲养

早期隔离可对犊牛的反应性和随后的社会行为产生深远影响。据报道，在单独的板条箱中饲养的犊牛很容易受到惊吓，当犊牛之间的所有物理和视觉接触受到抑制时，高反应性会进一步增加。在板条箱中饲养的犊牛的高反应性或混合反应的增加可能是运输过程中反应更强烈的原因。

2. 断奶时与母牛分离

哺乳期的犊牛通常在8 ~ 9月龄时从母牛中分离出来进行人工断奶。这种断奶似乎对犊牛有很大的压力，主要表现为血浆皮质醇水平的升高和昼夜节律活动的破坏。在断奶后，犊牛试图通过加强与同伴的联系来弥补它们最喜欢的伴侣的不足。这种补偿在断奶后3周似乎是有效的，因为此时犊牛更喜欢其他犊牛而不是它们的母牛。

犊牛对外部事件的反应性在断奶后期改变。在断奶后的2周内，它们对压力的处理反应非常积极，并且对条件性恐惧有更高的心脏反应。建议在饲养过程中，可以利用断奶来使动物适应新的环境，并获得适当的反应。事实上，断奶后的阶段可以用来训练犊牛，以进一步接触人类。

（四）优势相关问题

社会地位会影响空间的利用，因为主导动物总是优先选择最好的隔间。有时，如果占主导的动物挡住了它们的去路或在门前，地位较低的动物就不能进入庇护所，低级别动物的休息时间也会减少。Bouissou（1985）发现，与主导的牛相比，从属牛的肾上腺显著肥大。此外，Kay等（1977）发现牛奶中白细胞的数量与社会地位之间存在相关性。然而，并未发现血液皮质醇水平与等级之间存在相关性。同样地，在不同饲养途径的阉牛组中，皮质醇或中性粒细胞/淋巴细胞比率也没有发现差异。

生殖也会受到影响。当几头公牛与母牛一起饲养，发情母牛的数量很少时，主导的公牛会打断其下属的交配尝试。群体中占优势的雄性产下了大多数犊牛。如果雌性的生育率很低，那么占主导地位的雌性可能优先获得配种的权利。

（五）异常行为

1. 对人的侵犯

牛对饲养员的攻击很少见，但由于有发生事故的风险，这种行为的研究就显得非常重要。成年公牛可以直接与饲养员进行积极的互动。公奶牛可能比公肉牛更具攻击性，这可能是因为早期在相互隔离的环境中饲养，这会阻碍其正常社会行为的发展。母牛也可能具有攻击性，例如，当它们与后代在一起时（产犊时，以及以后较少出现的情况）。

2. 异常性行为

雌性和雄性牛有时会表现出过度的性行为。在患有产生雌激素的卵巢囊肿的奶牛身上观察到了嗜睡症。它们可以通过去除囊肿或通过施用促性腺激素或促性腺激素释放激素来治疗。在与雌性没有接触的完整或阉割的雄性群体中，可以观察到过度性行为（公牛-转向综合征），即总是骑在同一只动物（公牛）身上。由于公牛受伤、增重减少甚至死亡，这种综合征具有经济重要性。目前，唯一有效的治疗方法是把其从群体中分离出来。

3. 社会环境导致的异常行为

在集约化条件下饲养的牛可能会表现出被认为是异常的行为，例如交叉吸吮、咬物体和卷舌。犊牛在用桶进食牛奶后经常发生交叉吸吮（口、耳朵、阴囊和包皮）。众所周知，牛奶的味道会引发吸吮，当犊牛通过乳头喂奶时，非营养性吸吮会减少。可以通过以下方式防止交叉吸吮。在喂奶后将犊牛堵在饲喂口一段时间，在单独的板条箱中饲养犊牛或将它们拴在一起 8 周，然后再将它们分组，或提供非营养奶嘴。针对乳房的交叉吸吮可能发生在成年奶牛身上并影响乳房的健康，使用鼻环断奶器（带有尖点）来防止交叉吸吮。

社会关系不应被视为仅具有负面影响，还可以作为一种工具，通过社会促进、模仿、信息传递、领导力、社会学习等来提高动物对环境的适应能力。因此，培养一些特定环境或程序中的关键动物可能会使整个畜群受益。通过个体发育过程中产生的附属关系来调节社会压力影响的可能性，同龄牛的减压效果也可以为缓解由于社会紧张或社会环境改变而引起的问题提供有用的手段。

牛对特定的管理技术和环境有不同的适应，这些技术和环境可以被视为不同类型动物进化到的生态位（如牛肉和乳制品品种）。这些适应并不意味着动物的适应能力没有限制。我们必须定义环境，使动物能够最好地应对并最大限度地提高其健康和福利。

第二节 猪的社交行为

一、基本社交特征

关于猪的基本或自然社会行为的信息主要来自对野猪和自由放养猪的研究。野猪在其自由放养状态、生产和园区环境内进行研究。在美国和新西兰对几代以来不受人类控制的野猪种群进行了研究（Fradrich，1974）。

（一）社交群体的组成和结构

猪的主要社会群体包括 2 ~ 4 头母猪、包括它们最近生产的幼崽和以前的幼仔。一般认为母猪是近亲，母女或兄弟姐妹（全或半）群体。这个假设是基于观察到非成员母猪很少被允许加入一个新群体。早期的联系，尤其是雌性之间的联系，通常会持续到成年期。一组母猪的数量可能取决于资源的可用性。如果食物充足，则会存在较大的群体，但在食物稀少的季节会观察到较小的群体。

在母猪和后代群体中，母猪将在所有成员中占主导地位，并在其群体内保持线性等级。同样，幼年猪之间也保持着明确的社会秩序。在较大的社会群体中，两三窝仔猪会形成对彼此的偏好，尽管它们会在一定程度上与所有其他窝仔猪存在互动。

幼年公猪在 7 ~ 8 月龄时离开母猪和后代群体（Fradrich，1974；Graves，1984）。可能存在由 2 ~ 3 头小公猪组成的小群，特别是在非繁殖季节。然而，随着公猪的成熟，它们过着越来越孤独的生活。很少有 3 岁以上的公猪与其他公猪一起出现。

当母猪离开其他母猪和后代群体进行分娩时，一个临时的社会群体就形成了。在此期间，母猪和新生群体存在三个阶段：母猪在窝内或窝附近垫料 2 ~ 3 d；母猪在第 3 天和第 6 天之间从垫料和猪窝中外出觅食；以及母猪从第 6 天到重新加入母猪群体和后代群体的时间。

（二）空间利用

家庭范围的大小将随资源的可用性而变化。家庭范围的一个核心特征是公共巢穴，所有母猪和后代都将在此睡觉，分娩季节除外。猪还保持着一个明显的排便区，距离睡眠地点 5 ~ 15 m。

大多数母猪会在群居范围的外围建立产仔窝，距离公共窝至少 100 m，有证据表明，更大的间隔有利于仔猪存活（Jensen，1989）。

Wood 等（1980）估计公猪的家庭范围的大小与母猪和后代群体的相似。然而，Martin（1975）报道，重复捕获公猪之间的最大距离大约是母猪的 6 倍。公猪活动范围的大小可能因资源和繁殖季节而异。也有可能观察到公猪的更远距离代表分散，而不是家庭范围的边界。

（三）交流

公猪比其他从属的动物更能用气味来标记环境，前腿上的掌骨最常用于这种行为。据推测，这些腺体的分泌物与支配和繁殖有关，但与领土防御无关。包皮分泌物与尿液混合，可能在“覆盖”母猪和其他公猪的尿液中发挥作用。唾液信息素在公猪的泡沫唾液中释放，是响应性刺激而产生的。这种唾液可能会在求偶期间沉积在雌性身上，或者沉积在公猪獠牙标记的树木上。唾液和包皮信息素，由雄激素组成，参与引起发情母猪的站立反应，诱导后备母猪发情，并可能在群体交配同步中发挥作用。反过来，雌性会使用尿液来发出发情的信号（Fradrich，1974）。

听觉刺激被猪广泛使用。野猪通过咕噜声、尖叫声、咆哮声和鼻息声，以及咬牙来交流。成年公猪的声音包括在社交时表现出的“咆哮”，以及求爱期间的“交配曲”（Fradrich，1974）。仔猪使用张开和闭合的嘴巴咕噜声和尖叫声来保持同窝仔猪和它们的母猪之间的接触。母猪使用一系列不同频率、音调和幅度的咕噜声来指示仔猪的哺乳阶段。仔猪也会发声做出反应。哺乳期，包括出生后不久的哺乳期，通常在母猪头部附近发出仔猪的叫声。母猪对仔猪的警报做出反应，而仔猪的叫声表明了所经历的痛苦程度。

（四）聚集和分散

尽管一个社会群体中的母猪可能是密切相关的，但尚不清楚新群体是如何形成的。如果一头母猪和她的幼年雌性分开，或者把几个雌性后代在没有成年的情况下一起分散，则可能形成一个新的群体。为了模仿自然模式，人工系统已设法在母猪群中保留一个幼年母猪。每个交配季节都会有一头新公猪加入该群体，因此不需要分散年轻雌性来避免近亲繁殖。然而，猪的高繁殖能力将需要在经过一年的丰富积累后形成新的群体。

Mauget（1981）和 Blasetti 等（1988）报道了在交配季节期间幼年雄性和雌性的暂时分散。然而，这些后代会留在附近，一旦繁殖的雄性离开，它们就会回来。Fradrich（1974）和 Graves（1984）报道说，7 ~ 8 月龄的幼仔会散开。此时离开的雄性可能会形成小型的全雄性群体，但最终会变得孤独。

（五）群体互动

独居的公猪和母猪及其后代群体在空间使用方面会有重叠，但除在交配季节外不会相互作用。母猪和后代群体也可以在它们的家庭范围内共享公共空间，但不会合并形成一个单元。Stolba 等（1989）观察到两组群体在觅食时保持至少 50 m 的距离。新加入自由放养的母猪在几个月内不得进入共同巢穴。

（六）群体内的互动

1. 雄性与雄性之间

成年雄性在它们的脖子和肩膀上形成了一层厚厚的皮肤保护层，这显然可以在雄性与雄性之间的攻击中起到保护作用。目前尚不清楚侵略攻击是否涉及将小型雄性群体分解的现象，或者侵略攻击是否常发生在孤立的雄性之间。在园区管理条件下，观察到雄性“摔跤”：两头猪在它们的后腿上直立，在战斗时相互支撑。一般来说，猪的攻击不会是正面攻击，而是涉及横向攻击。弓背、低头和避开眼睛，用于非攻击性互动（表 7–1）。

2. 雌性与雌性之间

在母猪和后代群体中，母猪形成了等级制度，由从属动物避免支配地位来维持，而不是支配地位的母猪攻击地位较低的母猪。Jensen 等（1984）报道，这种“回避”顺序所涉及的相互作用在自由放养和受限条件下的情况是相似的，“瞄准”仅在宽敞的情况下观察到（表 7–1）。Stolba 等（1989）报告母猪在分娩期间和分娩后的攻击性最大。社交往往也发生在这些群体中。

表 7–1　在猪中观察到的打斗作用模式

行为	描述
反向平行压制	肩膀相互压靠，朝向相反的方向
平行压制	肩并肩，朝向同一个方向
头撞身体	用鼻子击打对方的身体
头对头撞击	用鼻子击打对方的头部
鼻对鼻	鼻子接近对方的鼻子或头部
鼻子对身体	鼻子接近对方的身体
肛门	生殖器嗅探——鼻子接近对方的肛门生殖器区域
头部倾斜	头低下并转身远离其他动物
瞄准	在 2 ~ 3 m 远的地方，嘴部向上的推力，轻微地指向对方
后退	离其他动物几步远

3. 亲子关系

在产仔后的最初几天，母猪和仔猪相互作用的焦点是猪窝。猪窝提供的隔离使母猪和仔猪形成一种联系。在猪的群体中，靠近猪窝是区分后代和外来幼崽的主要手段。哺乳发生在窝内，包括仔猪出生后立即寻找乳头。仔猪从母猪的后部向头部移动，通常在移动时与母猪保持接触。引导仔猪的方法包括发声、来自乳房和分娩液的气味，以及母猪的毛发图案。仔猪经常靠近母猪的头部，进行鼻子对鼻子的接触，发出声音，然后开始哺乳。在出生后最初的几个小时内，护理从连续变为间歇性，大约每隔 1 h 发生 1 次。在每次哺乳期间，都会出现一种复杂的发声模式，用于呼唤仔猪并表明乳汁即将流出。反过来，仔猪通过按摩母猪的乳房来表明它们的存在和哺乳的动机。这种哺乳前后按摩的程度可能是向母猪传达营养状况的一种方式。母猪和仔猪离开产窝后，同样的哺乳模式继续进行。

在分娩后的前 10 d 内，母猪和仔猪之间的距离总是在 15 m 以内，无论母猪是否离开猪窝觅食。到 6 日龄时，仔猪离开猪窝开始跟随母亲，最终在产后 7 ~ 10 d 放弃产仔窝。到分娩后 10 d，当母猪和仔猪重新加入主群体时，母猪之间有了牢固的联系。回到母猪群体和后代群后，仔猪与母亲保持亲近，与母猪的互动比与群体中其他母猪的互动更密切，直到断奶。

4. 在青少年猪之间

仔猪之间相互的玩耍行为从 3 ~ 5 日龄开始，在 21 ~ 25 日龄达到高峰。在此期间形成的联系非常牢固，并且在母猪加入母猪和后代社会群体后得以维持。此后的几周内，仔猪参与的大部分互动将是与兄弟姐妹之间的互动。

在这一点上确实有和非兄弟姐妹的互动，但很少涉及攻击性行为。在涉及多于两窝的群体中，每窝都对年龄最接近的另一窝形成优先依恋状态。在非常大的群体中，可能存在两个或更多窝的几个亚群。然而，仔猪会与母猪及其后代中任何其他窝的仔猪进行互动，偶尔会有一窝仔猪加入第二窝。即使处于自由放养状态的仔猪通常也不会从母亲以外的母猪身上哺乳。

二、集约化养殖下的社交行为

（一）社交群体

在集约化养殖中通常只存在母猪和新生群体母猪，通常在预计分娩日期前 2 ~ 5 d 被转移到分娩设施，略早于野性母猪离开母猪群的时间。然而，母猪在分娩时并没有与其他母猪有效地分开，而是彼此相距不超过几米。在大多数饲养条件下，仔猪在断奶前一直在产仔环境中，而不像在粗放或野外环境中那样离开产地。

集约化养殖中新生仔猪之间的相互作用可能与野猪中的相似。仔猪在出生后的最初几个小时内会为争夺乳头而进行激烈的争斗。从争夺乳头的时期开始，出现了乳头顺序，其中每头仔猪都有一个喜欢的乳头，它在连续的哺乳中往返。通常母猪喂养的仔猪数量相似。当猪在断奶后重新分组时，饲养的无关仔猪与该窝中的其他猪没有区别。同样，在大多的情况下，偶尔从外来母猪身上哺乳的仔猪也会在其他社交场合与她的仔猪联系在一起。

尽管大多数母猪和仔猪在断奶前都留在分娩舍中，但有些母猪要么成群分娩，要么在泌乳期间聚集在一起。群体分娩设施通常由几个单独的分娩栏组成，母猪可以从公共区域进入。这样的设施模仿自由放养的个体巢穴。因此，应该预料到会导致在紧密分娩窝中出现高死亡率的问题。一个问题是外来母猪入侵巢穴，据报道其发生率为6.4%。交叉哺乳的可能也很高，特别是如果一个窝内有不止一头母猪分娩。

分别产仔的母猪和仔猪可以在泌乳期间进行分组。这种分组通常在10 ~ 14日龄完成，类似于母猪和新生群体在自由放养条件下加入主要母猪和后代群体的时间。如果仔猪在哺乳期重新组合，它们之间的攻击性比断奶后发生的攻击性要小。哺乳期间的分组可以通过拆除分娩栏之间的隔板，只允许仔猪自由移动，或将母猪和窝移动来完成。如果母猪留在产仔箱中，仔猪会相互交流，但很少从外来母猪身上吸奶。交叉哺乳和外来仔猪的存在会扰乱哺乳，导致虚假哺乳的比例更高。

在自由放养条件下，母猪离开仔猪的时间更长，几天后哺乳频率下降。在典型的产仔箱中，母猪无法逃脱仔猪，哺乳量的下降不太明显。当母猪被允许离开产箱时，它们与仔猪相处的时间减少，哺乳频率降低，与常规管理相比，仔猪体重增加较少（Rantzer，1993）。在集体哺乳情况下，外来猪接触母猪会导致提前断奶。如果母猪能够脱离仔猪，断奶也会更快。

1. 青少年群体

断奶后，猪会经历通常所说的保育、生长和育肥阶段，体重范围分别为10 ~ 25 kg、25 ~ 60 kg和60 ~ 120 kg。许多生产系统通过在每个阶段为猪提供不同的环境，并在动物变动时通过重新组合的方式来维持这三个阶段。近年来，观察到将两个或三个阶段结合到一个设施中的养殖系统有所增加，从而降低移动动物的成本以及所涉及的社会关系的变化。无论生产系统如何，猪都是按年龄分组的，在这些阶段中，猪圈内通常只有4 ~ 7 d的变化。

当猪被安置在保育室、育肥设施中时，它们通常会重新组合，随后的攻击性可能会非常剧烈。最强烈的攻击性发生在最初的1 ~ 2 h内，然后在成群后24 ~ 48 h稳定地下降到非常低的水平。缺乏熟悉程度，而不是相关程度，是这种攻击性的基础，因为出生后不久分开的同窝仔猪对彼此的攻击性与在断奶后聚集在一起时对不熟悉的猪的攻击性一样。在给定的群体规模内，打斗的数量随着圈内不熟悉的猪的数量而增加。从未被圈养在一起的猪，但通过隔栏经历了某种程度的接触，与完全不熟悉的猪相比，它们之间的攻击性较小（Fraser，1974）。然而，试图通过在重新组合之前使用猪身上的常见气味来建立熟悉感并没有降低攻击性水平。

当一个圈内的所有猪彼此都不熟悉时，最终成为统治者的猪将与圈内的其他猪战斗以达到这种状态。如果将多窝中的几只同窝仔猪放在一起，则每窝中有一头猪会打架，获胜者将攻击失败者窝里的剩余猪。因此，同窝仔猪往往在围栏内获得类似的优势地位，但与只有几头猪的窝相比，大窝不太可能占优势（Gonyou，1997b）。

2. 繁殖群体

用于繁殖的雄性和雌性通常被安置在单一性别的群体中，直到它们第一次交配。将雌性与其他雌性隔离饲养会延迟雌性在被引入公猪后的站立反应。与其他雄性分开饲养雄性对随后的性行为几乎没有影响。对于后备母猪，公猪刺激的存在会导致青春期提前。气味似乎是主要的刺激因素。

猪的育种阶段，包括观察母猪发情、实际配种直至确认怀孕的时期。在此期间，雌性可以单独圈养或成群饲养。后备母猪的发情期是不可预测的，因此它们通常与断奶后的母猪分开饲养。断奶后，母猪在 5 ~ 10 d 恢复发情，通常不考虑年龄而被圈养。断奶后群养母猪可能有助于它们恢复发情。然而，隔间中的独立空间降低了攻击性水平和攻击性伤害的程度，并促进了某些育种实践，如人工授精。

虽然可以在没有公猪的情况下操作育种设施，但最常见的做法是使用公猪来帮助识别母猪的发情。母猪在单独隔间的情况下，公猪通常被安置在附近，以便它们的信息素刺激母猪和后备母猪。在许多设施中，公猪被允许经过母猪的头部以帮助检测发情。在发情检测中，母猪的反应比公猪的反应更关键，因此母猪可以嗅闻经过的公猪。

当繁殖的雌性被分组饲养时，公猪可以与母猪一起圈养或在相邻圈养。与公猪接触会缩短断奶到交配的间隔。发情的雌性具有性欲，并且大部分时间都在公猪附近。在公猪被圈养在繁殖群附近的情况下，母猪的发情可以通过监测它们在公猪附近的存在来检测。

3. 妊娠群体

在怀孕期间，母猪的饲喂量是有限的，以防止体脂过度积累。限制重要的资源是使动物的社会行为成为管理方法中的关键因素。一种方法是将母猪和后备母猪单独圈养，通常在隔栏内。单独圈养允许单独喂养每只动物。当使用饲料碗时，其饲喂控制是绝对的，但如果使用的是饲料槽，一些饲料可能被相邻的母猪采食。虽然动物被隔板隔开，但社会行为并没有完全阻止。隔栏内母猪之间的社交接触会持续数个妊娠期，其中非竞争性接触的频率超过了母猪成群观察到的频率。侵略攻击确实通过分隔线发生，并且有人认为这些分隔线的性质很重要。例如，用横条隔开的母猪之间的攻击性持续存在，而用竖线隔开的母猪之间的攻击性在圈舍后不久冲突就得到了解决。

妊娠组的组成是高度可变的。雌性的年龄、大小和妊娠阶段可能不同。

将动物放在一起时出现了两种策略。第一个策略是通过限制其组成的变化来尽量减少对社会群体的干扰。一旦在妊娠开始时形成群体，就不会再增加其他雌性，群体会在分娩时解散。这些“静态”组在泌乳阶段方面相对一致。另一种策略是定期添加最近繁殖的动物并移除即将分娩的动物。“动态”系统涉及定期重组后的饲养管理。

（二）对生产的社交影响

资源竞争会影响猪在生命各个阶段的生产性能，如果这些资源是有限的，则结果更为明显。在集约化养殖条件下，通常试图通过足够的资源以防止动物之间的接触来减少竞争的影响。

1. 仔猪

大多数母猪的功能性乳头比窝中的仔猪多。对乳头的使用不受限制，但对特定乳头的竞争确实会发生。在出生后最初的 2 h 内，仔猪会争夺乳头。这场竞争的结果使获胜的仔猪控制了更高产的乳头，并具有更稳定的吸乳模式，从而促进了生长。前乳头比中乳头和后乳头产生的乳汁稍多，但这些位置的乳头之间存在相当大的差异。Fraser 等（1975）报道，乳头顺序解释了体重增加变化的不到 5%。仔猪相对于同窝仔猪的大小在决定其生长速度方面比其实际大小更重要。如果仔猪是一窝较小仔猪，它们的表现会比与较大仔猪竞争的情况要好。窝内的部分相关性表明，出生体重的变化占乳头顺序变化的 3%，但这两个因素加起来占断奶体重变化的 25%。

由于在寄养时可能已经确定了接受的乳头顺序，因此新仔猪必须与原来窝中的仔猪竞争，以获得高产乳头。寄养仔猪的表现不如窝内的原始仔猪，特别是如果它们试图控制原始仔猪的乳头。如果仔猪具有相似的活力水平，那么与非寄养的相比，寄养的仔猪存活的可能性更小。如果只寄养一头仔猪，寄养的有害影响最大，如果在 1 日龄进行寄养，则有害影响最小。为降低饲养成本，建议在建立乳头顺序之前尽早完成，并且转移较大的仔猪而不是小仔猪，因为它们也无法竞争。

2. 生长猪

在生产的保育、生长和育肥阶段，猪一般自由采食，以减少对生产的影响。在一些生产过程中，会采用限制饲喂来控制年长动物的脂肪沉积。当饲料受到限制时，社会竞争的来源会在更大程度上影响生产力。然而，当饲养空间和饲料一样受到限制时，对空间的竞争会导致采食量和生长速度的水平变化很大。如果饲料受到限制，重组后的攻击会减少随后的生长速度，但如果饲料可随意获得，则相对于未重组的猪几乎没有影响。报告显示，初始体重的变化占社会支配地位变化的30%，约占随后生长变化的13%。然而，Blackshaw 等（1994）发现社会地位与初始体重或增益率之间没有相关性。

3. 妊娠母猪

妊娠系统的主要挑战是在母猪成群饲养时控制采食量。群养系统对饲料竞争的物理控制程度各不相同。在一些系统中，母猪在一个或多个饲喂栏内作为个体饲喂。当所有母猪在饲喂栏内同时饲喂时，竞争就会从饲料转移到饲喂栏本身。占主导地位的动物将占据首选的位置——那些首先被喂食的位置。当母猪从一个或几个隔栏按顺序喂食时，例如，在电子饲喂器前，竞争会在每天饲喂周期的早期进入隔栏。占主导地位的动物先吃东西，然后经常返回喂食器以采食另一头动物留下的任何饲料。由此产生的攻击性可能导致动物受伤，并将胆小的动物排除在饲养区之外。其他系统，如流动饲喂和地板饲喂，在母猪进食和竞争加剧时对它们的保护较少。为了在母猪之间保持相似的采食量，有必要在组中安排拥有相似大小和性情的动物。在这样的系统中，群体大小通常小于10头。

一些系统试图通过提供随意采食情况的修改来控制妊娠母猪之间的竞争。一种方法是使用高纤维饮食可以让动物吃更多的食物，并达到一定程度的饱腹感。另一种方法是间歇性地提供自由采食，每隔2 ~ 3 d，动物就可以随意使用喂食器。

在饲料竞争没有得到很好控制的系统中，支配母猪变胖而受支配母猪变瘦。瘦弱的母猪在泌乳期间将无法保持高水平的产奶量，并且无法重新配种。肥胖的母猪也可能有生殖问题。

4. 社会便利

当饥饿的猪和饱食的猪放在一起时，饱食的猪会再次开始进食。类似地，当一头猪看到另一头猪在附近的围栏里吃东西时，它很可能也开始吃东西。因此，社会促进会导致进食的暂时增加，从而导致同时或同步进食。然而，同步进食并不一定会导致摄入量增加。一个例外似乎是哺乳仔猪可以通过播放母猪和仔猪哺乳的咕噜声来诱导它们更频繁地吮吸并增加更多的体重。社会促进也可能有助于诱导断奶后的饲料消耗。

（三）群体规模和空间分配对社交行为的影响

猪的自然社会群体相对较小，只有少数成年及其后代。在生产系统中，猪通常被饲养在更大的群体中。仔群猪通常具有非常稳定的社会等级，具有线性关系。单独圈养的猪和3头一组的猪表现非常好，但是当5头猪一起圈养时，生产力会急剧下降。因此，非常小群体的、不太复杂的社会系统，在生产力方面具有优势。添加到现有组中的母猪在重新组合后最多可形成一个独特的子组。当添加到较大的猪圈中时，生长猪也会形成亚群。然而，尚不清楚这些亚组是否在活动期间保持不同。如果子群在活动期间保持不同，则表明围栏内有领土或至少明确界定的家庭范围。在许多群体系统中，猪必须共享共同的进食和饮水区域，这会迫使子群体混合，而增加攻击性。对较大群体中攻击性降低的一种解释是对不太熟悉的猪产生了耐受性。这些动物可能仍处于亚群中，尽管这种情况在大群中发生的频率较低，但在活动时亚群中的动物能够自由互动。

空间的数量和质量通过动物相互躲避和逃避来影响社会行为。提供大量空间允许动物在围栏中移动以获取资源，而无须进入其他动物的个人空间。如果确实发生了战斗，动物可能会通过逃跑来表示屈服。在喂食区域内，足够的食槽空间和空间之间的分隔物可降低攻击性的发生率。战略性放置的隔板还可以让一头动物避免在另一头动物的视线范围内，即使它们非常靠近。在重新组合时为围栏配备“隐藏”区域可减少随后的攻击性，并在重新组合后立即改善生长。母猪的动态分组可以通过在栏内提供明确的区域而受益，新组在融入主要组期间可以宣称是它们自己的区域。

空间允许量可以表示为动物数量单位的空间。能在一个喂食空间进食的动物数量取决于进食的总时间。小型猪比大型猪需要更长的进食时间，而食用干饲料的猪比食用湿饲料的猪需要更多的时间。猪能够适应它们的饮食行为，因为猪吃饲料的数量增加。在某些条件下，30头猪的群体可以在空间喂食器中进食时保持摄入水平，但必须提高进食速度（Walker，1991）。

无论是在建筑面积方面还是通过增加喂食器上的猪数量减少空间分配，最终都会导致减少每日采食量和生长速度。目前尚不清楚减少摄入量是否会导致生长减少，或者生长潜力的降低是否会导致食欲下降（Chapple，1993）。

三、社交行为、管理与动物福利

（一）动物分组

除母猪和其1周龄的仔猪重新加入母猪群外，猪在自然条件下很少允许新的猪加入它们的社会群体。在生产条件下，猪会进行激烈的斗争，以将不熟悉的动物排除在群体之外。这种争斗会影响生产力，尤其是在饲料等资源有限的情况下。即使资源相当充足，产量也会减少。生长减少最大的是那些耳朵和肩部受伤最多的猪。与年长的动物相比，重新组合仔猪的攻击性较小（Jensen，1994）。通过移除产仔箱之间的隔板，可以对哺乳仔猪进行分组，从而产生很少的攻击性。然而，在大多数集约化养殖条件下，断奶重组时的攻击性非常强烈。

气味是识别熟悉和不熟悉的猪的主要手段。气味已被多种方式使用，以试图减少重组后的攻击性。第一种方法是掩盖不熟悉的猪的气味。在这种情况下，气味是在猪重新分组时应用的。一般来说，这样的尝试并没有减少攻击性，实际上可能会增加相互熟悉的猪的攻击性。如果用这种方法掩盖一种气味，就会显得它是不熟悉的气味，同窝仔猪可能会像不熟悉一样互相攻击。第二种方法是在所有猪身上产生一种常见的熟悉气味。这可以通过在所有猪身上放置相同的人工气味来尝试，或者在重新组合之前将猪暴露在其他猪的粪便中几天。不幸的是，这两种方法都未能有效减少攻击性。第三种方法是应用可作为信息素的猪衍生化合物。从最近战斗过的猪身上获得的尿液在重新组合之前应用于不熟悉的猪时可以有效地减少攻击性。据报道，用促肾上腺皮质激素处理的猪的尿液和含有雄烯酮的喷雾剂也可以减少攻击性。

几种药理学化合物已被用于减少重组攻击。通过在重组时施用这些化合物，动物变得不活跃，因此在接下来的几个小时内攻击性大大降低。然而，一旦猪从药物中恢复过来，攻击就会开始，并且可能与正常攻击一样严重。一般来说，这些药物不会导致体重增加的改善。

正在重组的群体会影响重新组合的攻击性。猪之间的巨大体重差异可能会减少由此产生的攻击性（Rushen，1987），尽管并非所有研究都支持这一发现。生长/育成猪的动态分组系统，其中小型猪被添加到由年龄较大的猪组成的围栏中，与年龄组内的混合猪相比，减少了攻击性。然而，妊娠母猪的动态系统可能会导致更多的攻击性。猪圈中存在大公猪会减少攻击性，但在母猪重新分组时似乎无效。

（二）分离问题

虽然从社会群体中移除并不涉及与加入群体相关的攻击性，但当猪从社会环境中移除时确实会出现问题。在集约化养殖中，断奶是通过将母猪从仔猪中分离出来完成的。当断奶突然发生时，最初的结果是停止进食 1 ~ 3 d，具体取决于仔猪的年龄。社会促进可能有助于断奶仔猪开始进食，因为它们会在此后几天继续同步进食。在没有母猪在场的情况下，新断奶的猪在断奶后大约 4 d 开始将鼻子指向同窝仔猪的腹部，这是在它们开始吃正常量的固体饲料之后，所以似乎不是因为饥饿。然而，这种行为非常类似于针对母猪的乳房按摩，并且可能与哺乳行为有关。这种行为在断奶后 2 ~ 3 周达到高峰，但在早期断奶猪的整个生长 / 育成期中，这种行为会持续较高水平。

猪被从它们的社会群体中移除，单独圈养。隔离对猪来说压力很大，通常需要将至少两头猪放在一起以进行实验测试。当母猪被隔离并放在隔间或拴住时，它们会试图逃跑。这些逃避尝试最终会消退。将猪暂时从稳定的社会群体中移出可能会在重新引入时遭到拒绝。在生长猪中，下属猪可能会在缺席几天后被拒绝，而优势猪可以在几周后返回而无须进行大规模打斗。然而，如果当猪被移走时，社会群体不稳定，占主导地位的猪也可能会遇到相当大的攻击性。

（三）异常行为

猪中一些令人困惑的行为是那些对同群体动物的伤害行为。这些包括咬尾巴、耳朵及侧腹和吸吮肚脐等，这些行为的发生率可能相当高。这些异常行为通常针对社会等级较低的动物。这些行为有许多已知和疑似的原因。主要可归类为营养、不适和生长环境较差。例如，过度拥挤通常被认为是咬尾的一个诱因。群体规模的大小也与咬尾有关，但这种因果关系的证据有限，缺乏研究数据的支持。

第三节　绵羊的社交行为

一、基本社交结构

绵羊（绵羊属）是 10000 多年前人类最早驯化的动物之一。绵羊的一般行为特征是成群生活、有牢固的母子关系，其中羔羊与母羊表现出追随关系。目前家养绵羊品种形成了 Ovisaries 品种，并因其奶、肉、毛皮和羊毛而被广泛养殖，特别是在温带地区。

（一）社交群体的组成和结构

在自然条件下，温带地区的绵羊的许多社会组织都受到其繁殖的季节性影响。母羊是季节性多发性的，秋季交配与日长减少有关。通常，在非繁殖季节，育龄的雄性和雌性被隔离，并有单独的生活群体。年轻的公羊是一个例外，青春期后可能会留在母羊群中一段时间。在大角羊中，年轻的公羊在

2 ~ 4 岁时离开雌性组，某些关联可能会在 6 岁时发生。尽管有些公羊可能会花几个月的时间独自游荡，但它们通常会与其他公羊成小组（Geist，1971）。在 Soay 和 Dall 绵羊中，很少看到孤独的公羊，通常 1 岁的公羊与母羊群一起吃草，直到下一个繁殖季节。然后，公羊加入公羊组中共同生活（通常由 4 ~ 13 只不同年龄的公羊组成）。

公羊群体有一个基于支配等级的社会结构。优势与角和身体的大小有关，通常与年龄成正比。无论是在公羊群体内，还是在繁殖季节散布在母羊群中的公羊，这一点都是正确的，在繁殖季节，优势与交配成功相一致。大角羊在 8 岁左右达到全身大小和角发育程度最大，这类羊几乎总是以年轻雄性为主。在占优势的雄性之下，等级可能不是线性的，但通常与角的发育和身体大小相对应。在成熟的公羊群体中，一只更年轻、更有活力的动物可能会支配一只更年长、更大角的个体。在已建立的公羊群体中，领导力是一种支配功能，其他公羊跟随主导个体。

一般来说，母羊群的成员比公羊群要稳定得多，它们全年都在一起。群体成员由几代的母亲和女儿组成。然而，在母羊家庭范围内，可以看到较小的亚群在不同时间分开放牧。例如，Festa（1988）研究的成年大角母羊比同组的 1 岁母羊先迁移到夏季放牧区。成群的羔羊和 1 岁的公羊也可以在家庭范围内形成临时群体。

母羊暂时从群体中退出到羔羊群。例如，大角母羊在重新加入群体之前与它们的羔羊一起度过长达 5 ~ 7 d。Mouflon 母羊表现出类似的模式，在出生地与它们的羔羊隔离 2 ~ 3 d。天然母羊群的规模因物种和栖息地而异。Woolf 等在 8 只动物身上记录了黄石国家公园大角羊的平均大小。Grubb 等（1966）研究的 Soay 母羊群由 7 ~ 49 只绵羊组成。母羊群的年龄结构每年都有很大差异，具体取决于产羔率和死亡率，这尤其影响羔羊。冬季的严酷程度可能是影响产羔大小和羔羊存活到翌年的主要决定因素。北美野羊物种很少多胎，在亚洲和欧洲物种中双胞胎并不陌生（Briedermann，1992）。羔羊出生时的性别比约为 1∶1。

母羊群的社会等级定义不如公羊群。虽然母羊在 2 ~ 3 岁达到完全成熟后大小不会增长，但显示的任何优势顺序通常与年龄相关。没有证据表明野母羊的优势与繁殖成功或羔羊性别比有关。对 Soay 羊的研究表明，在母羊群中没有优势等级（Grubb，1974a）。大角母羊群可能表现出相对稳定的非线性优势等级。一组中排名最高的几只母羊通常为 6 ~ 8 岁，直到大约 4 岁才在母羊等级的上半部分确立地位。领导在母羊群体中很常见，但不一定与支配地位相关。当年轻的公羊在母羊群中成熟时，它们通常会表现出对母羊的支配地位，尽管羊群的领导权仍然由雌性提供。对23组大角母羊的分析表明，一组羊通常会跟随一只成熟的母羊。

（二）空间使用

成群结队的绵羊将它们的行动限制在一个特定的区域（活动范围），而该区域不受保护。不同群体之间的活动范围在大小和栖息地上各不相同，而且对于特定的绵羊群体来说，活动范围可能会随着季节的变化而变化。不同绵羊群的活动范围可能会重叠，但两个绵羊群同时在同一地点的情况并不常见。

在温带和亚北极地区，栖息地的大小和/或位置随季节而变化。Grubb等（1974）研究了Soay母羊群，在5月，家庭范围受到限制，当时春季牧场正在快速生长，羊群中有小羊羔。随着夏转秋，牧区范围扩大，绵羊在山上的高草丛中放牧。在冬季结束时，当气候条件最恶劣时，家庭范围最小，绵羊在它们的避难所附近觅食。家庭范围内区域的利用与年内首选牧草物种的可用性密切相关。在苏格兰山地羊中也观察到了类似的家庭范围变化，其中范围在夏季最广泛，而在冬季最小。

母羊的活动范围多年来非常稳定，母羊和1岁幼崽可以获得的活动范围相似。相比之下，由于公羊组的大小和组成不断变化，公羊的主活动范围随着时间的推移不太一致。然而，个体公羊在离开出生母羊群后，一旦建立起自己的家系，通常会表现出高度的忠诚。

虽然在非繁殖季节，母羊群和公羊群的栖息地可能重叠，但这两个类群很少出现在同一区域。隔离通常通过重叠范围内不同的栖息地利用来增强。在冬季和秋季的大角羊中，公羊占据开阔的斜坡位置，母羊更喜欢悬崖区域。这可能有助于减少公羊和它们交配的母羊之间的竞争。

（三）交流

绵羊之间的交流主要涉及嗅觉、视觉或听觉信号，触觉方式的交流不太重要（繁殖季节除外）。绵羊使用的触觉信号包括求爱期间公羊对雌性肛门生殖器区域的摩擦（这会诱导雌性小便）以及公羊在交配前用脚轻触和撞击母羊的侧腹。绵羊具有发达的嗅觉，这在社会交往、躲避捕食者和识别饲料方面非常重要。嗅觉社交信号主要来源于眼眶前的气味腺、尿液、羊水、尾巴和肛门区域以及羊毛上的汗腺分泌物。

嗅觉信号的主要目的是社会凝聚力和认可。来自一个社会群体的绵羊会嗅探另一个群体的动物。从属Dall或Bighorn公羊会摩擦主导动物的脸。这一动作将主导者的气味转移到它们自己的脸上，可能导致“群体气味”。最重要的是，母羊对自己的羔羊的识别取决于嗅觉，尤其是近距离确认羔羊的身份。母羊会嗅羔羊的尾巴区域，如果不是自己的，就会拒绝它。失去嗅觉的母羊会接受外来羔羊。当羔羊出生时，羊水的气味会吸引母羊并启动结合和识别过程。

嗅觉信号在促进繁殖方面发挥着重要作用。公羊利用嗅觉信号来检测母羊发情。公羊会嗅出母羊的外阴区域和任何排空的尿液。通常公羊会表现出跳蚤反应。挥发性化合物，如母羊尿液中的雌激素，被认为是由公羊的犁鼻器检测到的。公羊的嗅觉信号也作为母羊的生殖信号。在繁殖季节开始时，完全成熟的公羊进入母羊群体有助于刺激和同步发情的开始。

绵羊的视力从中等到良好的敏锐度，对运动和深度的感知非常好。绵羊之间使用视觉信号进行交流是通过采用特定的姿势或动作来实现的。这些包括与性行为和激动行为相关的警觉和展示姿势和动作。

在羊吃草时，它们会将群体中的其他个体保持在其视野内。母羊采取警觉姿势（抬起头并朝向潜在威胁）向她的羔羊发出信号，使其接近，并将导致其他绵羊也停止吃草并将头部朝向刺激。一只羊的逃跑动作也会导致整个羊群逃跑。求爱和攻击意图通常通过视觉信号传达。野生和家养的公羊都会以低伸展的姿势接近潜在的对手。

绵羊还使用视觉线索来识别它们与其他个体的关系。Kendrick 等（1987）和 Kendrick（1991）的研究测量了有意识的绵羊大脑颞叶皮层的神经细胞对其他绵羊和潜在捕食者（人和犬）照片的反应。一组神经细胞对角的存在和大小做出反应，角是社会支配地位的指标。与不熟悉的绵羊相比，其他细胞对熟悉的绵羊的反应不同。与其他轮廓相比，绵羊的正面视图在引发神经细胞反应方面更有效。Kendrick（1991）得出结论，对个体的快速视觉识别及其可能的支配地位使一只绵羊能够迅速做出适当的反应，尤其是当另一只动物正面面对它时。

绵羊能够感知范围广泛的声音频率，从 125 Hz 至 42 kHz（Heffner 等，1992）。绵羊使用的听觉信号从母羊分娩后不久发出的低调“隆隆声”高调的“咩咩声”不等。在争夺统治权期间，野生山地公羊物种可能会在发起冲突时咆哮。山公羊在求爱时也会咕哝或咆哮。

母羊和它们的羔羊之间最常用的是声音交流。母羊和羔羊在分开寻找彼此时都会发出呜咽声，母羊在团聚时会发出“隆隆声”。Shillito（1982）等的一项研究表明，家养和野生母羊和羔羊在分开时都会“咩咩”叫并回应“咩咩”声。母羊和羔羊根据自己的叫声比对外来的羔羊或母羊的叫声。虽然已经证明母羊能识别自己羔羊的叫声，但更多的是用听觉来定位羔羊，最终确认其身份取决于气味。

（四）聚集和分散

绵羊作为一个物种是高度群居的，社会距离相对较小。尽管群体规模和群体内分散程度因品种、栖息地和个体而异，但影响群体凝聚力的因素具有一致的模式。这些因素包括季节、天气、地形、饲料供应和群体组成。绵羊通常还表现出对潜在威胁的响应本能。该响应应用于驯养羊的处理和移动。

Crofton（1958）使用空间照片检查了在中等范围条件下放牧的家养绵羊的间距和方向。尽管围场大小在 5 ～ 22 hm^2 变化很大，但组凝聚力的变化较小，观察结果表明，无论围场大小如何，平均个体距离始终在 14 ～ 27 m。更有趣的是，不管成群的绵羊有多紧，大多数绵羊在放牧过程中被定向，使得另外两只绵羊与其头部的角度大约为 110°。当绵羊在羊群的边缘放牧时，它们似乎使用静止的物体或地标作为角度的外部参考（图 7–1）。Crofton（1958）假设在组中的定位受视野宽度的影响，并且个体与同种物种的间距和朝向同种物种的方向将取决于在其视觉边界上的另外两只绵羊。

Grubb 等（1966）研究的 Soay 绵羊中发现了季节性因素对绵羊群体凝聚力水平的影响，在放牧不足的 1 月比饲料充足的 5 月分布更广。然而，某一天的天气可能会压倒季节性趋势，在冬季恶劣的天气期间，绵羊会在更隐蔽的区域保持紧密的距离。母羊群体在产羔期间表现出增加的分散性，母羊转移到寻找生育的庇护区域。

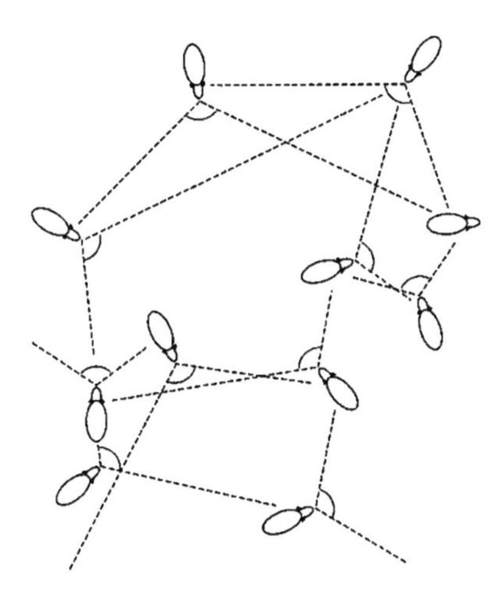

图 7–1　羊群中放牧羊的分布和方向（Crofton，1958）

（五）组间互动

绵羊有能力识别自己的群体，可识别外来群体。Festa（1986）观察到“外来”大角母羊之间很少有攻击性的相互作用。同样地，Grubb 等（1974）研究独立的 Soay 母羊群经常并排吃草，彼此之间几乎没有明显的反应。有趣的是，当索伊母羊对外来母羊有攻击性时，陌生羊会来自一个不常遇到的群体。这些发现表明，绵羊可以识别来自它们自己群体的个体和 / 或识别来自邻近社会群体的绵羊。

（六）组内互动

1. 雄性与雄性之间

公羊之间的社会互动反映了支配关系，而支配关系又受到体形和外观的影响，尤其是角的大小（Geist，1971）。一般来说，所表现出的激动行为模式在绵羊种类和品种之间非常相似（表 8-1）。最强烈的激动行为相互作用发生在相似大小和优势等级的公羊之间。公羊之间的攀爬行为似乎具有维持高级雄性对下属的社会支配地位的功能，并且通常由占主导地位的动物发起。在没有雌性的情况下，公羊之间的其他竞争性相互作用通常由挑战占主导地位的低等级动物发起。在失败的遭遇中，下属的公羊可能会逃跑或对获胜者表现出顺从的行为。公羊之间也可能发生友好的行为，通常包括摩擦或梳理毛发以及从眶前腺转移气味。

（1）针对公羊描述了以下激动行为。

低伸展：一种威胁显示，羊的脖子向前伸展并与地面水平。这种行为通常由公羊向较小角的下属表现，并且通常伴随着扭曲，其中公羊围绕其身体的中轴旋转头部，使得它的角面向另一只羊。

威胁跳跃：一种冲突的意图运动，在这种运动中，公羊跳到它的后腿上并移动它的头部，好像准备与它的对手正面碰撞一样。

阻击：由 Grubb（1974b）描述，该术语涵盖了一系列行为，其中两只公羊并排站立，头对头或尾对尾，并相互推动、轻推或对接。封锁可能会持续几分钟，公羊的激烈行为中穿插着短暂的对峙，公羊保持平行的位置。

前腿踢：公羊对所有下属绵羊的常见行为。公羊用僵硬的前腿向上踢向另一只动物的胸部或侧面，有或没有接触。

冲撞：公羊从短距离向对手冲锋，降低头部和颈部，并与对手的头部和角发生冲突，对手已经定位到正面迎击。

坐骑：雄性坐骑行为在北美山地羊中似乎比欧洲和亚洲物种更常见

（McClelland，1991）。

追逐：如果冲突中的失败者逃跑，占主导地位的公羊通常会被刺激去追逐它，撞到逃跑的公羊的后腿和后躯。

（2）以下是公羊的顺从和友好行为。

摩擦：从属公羊用头摩擦主导动物的脸、口吻、角、胸部或肩膀。摩擦可能有助于将优势动物的气味传递给从属动物。偶尔下级公羊会舔上级的动物。

低脖子：从属羊降低脖子并从与占主导地位的公羊的相遇中退出。美国大角羊或多尔羊没有观察到这种姿势，但出现在欧洲和亚洲的物种中，如摩弗伦羊和乌里亚羊。

公羊们显示出彼此之间高度的竞争性互动，尽管在已建立的公羊群体中，较低级别的威胁和友好 / 顺从行为更为激烈的冲突不太常见。在大角羊中，占优势的公羊通常会以低伸展姿势接近下属。

在大小和角发育均匀匹配的公羊之间会发生更强烈的激动作用，尤其是当它们来自不同的群体时。公羊之间的冲突最常见的是由头撞引发的，这通常是相互的头撞或追逐行为。严重的统治斗争可能只会持续几分钟，或者可能会断断续续地持续 1 d，两只公羊反复发生冲突和咆哮。在发情期之前，成群的公羊通常会挤成一团，其中许多公羊将面对面形成一个小圈子，互相展示它们的角并展开其他威胁行为。

2. 雌性与雌性之间

母羊之间的互动水平低于公羊，它们的行为较少，尤其是竞争行为。雌性往往不会表现出冲突和威胁跳跃类型的竞争行为。尽管已经描述了母羊的支配关系，但有人提出，母羊群体内的社会组织较少依赖于支配结构，而是依赖于群居性和追随特征。与在发情期和发情的母羊竞争交配机会的公羊不同，母羊通常不会直接竞争相同的资源。

Eccles 等（1986）测量了雌性大角羊的激动相互作用和社会地位。母羊表现出喇叭威胁和威胁跳跃，但大多数激烈的互动都是通过与对手相撞而引发的。大多数这样的遭遇实际上是在最初的对抗中结束的，但在某些情况下，两个主角之间会出现一段角力。大多数这样的战斗都在不到 30 s 内完成，顺从的动物要么逃跑，要么蹲下，要么表现出摇头。尽管在与公羊互动的母羊中蹲下的行为非常常见，但蹲下也是对另一只羊的回应，是一种顺从的姿势。母羊在遇到占主导地位的母羊或成年公羊缠扰时会做出摇头的反应。有时，母羊可能会用前腿踢对手或摩擦，或用鼻子轻抚另一只母羊以示顺从。阻止行为用于防止其他发情的母羊在繁殖季节接触公羊。

3. 雄性与雌性之间

成年公羊通常以与其他下属相似的方式对待母羊，通常会以低伸展姿势接近它们，通常会扭头。如果母羊接近发情期，公羊会跟随、照料或试图骑上她。母羊不会挑战公羊，但可能会表现出摇头行为，或因持续不受欢迎的关注而逃跑。

在发情期，优势度较高的公羊拥有数量更多的母羊。公羊可以保护成对的母羊，但野生的绵羊公羊并不常见保护母羊的行为。

在求偶和交配的过程中，公羊的低拉伸和扭转方式之后是嗅探母羊的外阴和会阴区域。公羊采用低拉伸近的轻微威胁可能是一种行为上的妥协，它可以在靠近母羊的同时仍然对母羊发挥优势。这种低拉伸方法在大角羊、莫弗隆羊、索伊羊和家养羊中很常见。公羊最初的求爱可能伴随着低沉的叫声、舌头突出或啃咬母羊的羊毛。如果母羊是平卧的，公羊通常会对母羊的侧翼进行前腿踢腿，以诱导母羊站立。这样的前腿踢腿，也可以在求偶时踢给站立的母羊，通常比公羊之间的对抗性互动更仪式化，力量更小。

4. 亲子关系

虽然母羊在其他时候可能对新生羔羊表现出兴趣，但真正的母体反应和对新生儿的接受只在分娩时表现出来。此时的母性行为与分娩前发生的孕酮下降和雌激素升高密切相关。围产期母羊对分娩液，尤其是羊水表现出强烈的吸引力。这种分娩液的吸引力和随后的羔羊定向行为，如舔新生儿和接受哺乳，通过在分娩过程中拉伸母羊阴道刺激催产素释放而增强。母羊的经历在母亲的行为和对羔羊的接受中起着很大的作用。Levy 等（1987）测试的经产母羊在清洗新生羔羊以去除羊水时保持正常水平的母性行为。相比之下，清洗初产母羊的羔羊大大降低了母羊的正常行为并增加了对羔羊的攻击性。

母羊通过视觉、听觉和嗅觉来定位和识别羔羊。虽然羔羊身份的确认取决于气味，但母羊使用视觉和听觉来定位羔羊。几周后，羔羊不再继续与母羊保持密切联系，母羊和它们的羔羊会互相寻找，大声地咩咩叫。

羔羊和它们的母羊表现出一种跟随关系，并且不会单独躲在隐蔽处。大角母羊和羔羊在分娩后重新加入羊群时保持紧密联系，但几天后，随着羔羊变得更加活跃，在一起的时间减少了。母羊和羔羊之间的平均距离随后再次减小，与羔羊开始放牧一致（图 7–2）。放牧期间这种紧密的空间关系被认为有助于羔羊的学习。通过观察，羔羊已经学会了吃新的食物，羔羊开始吃草时与母亲的距离可能有助于羔羊学习适当的饮食选择。

当母羊和羔羊分开时，通常是羔羊回到母羊身边，尤其是随着羔羊年龄的增长（图 7–2）。哺乳有两个功能——营养功能和社会功能。哺乳期的持续时间在哺乳期间减少，在出生后的第一个月内急剧下降，此后逐渐下降，直到断奶。持续时间少于 10 s 的哺乳通常会被羔羊终止，并被认为主要是用于加强母羊与羔羊之间的联系。更长、更有营养的哺乳几乎总是被母羊终止，通常是母羊的离开引起。

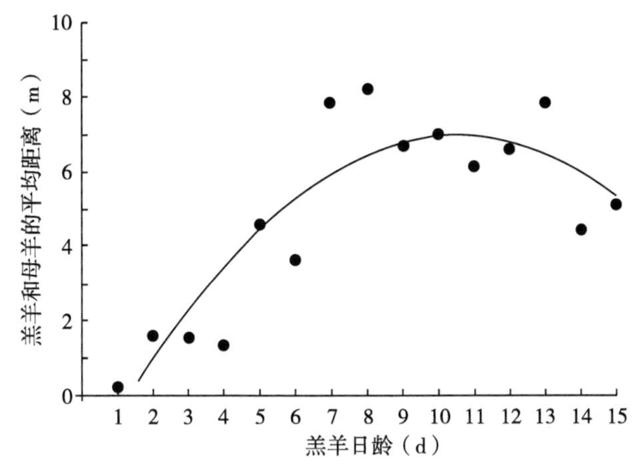

图 7–2 大角母羊与其羔羊之间的距离随羔羊年龄的变化而变化
（Shackleton et al.，1985）

5. 青少年羊之间互动

在母羊家庭范围内，当羔羊不与母羊在一起时，它们很快就会形成幼年群体。Geist（1971）观察到，从大约 2 周龄开始，可以看到大角羊在幼年带中分组。当母羊静止或喂食时，会存在幼年群组，但当母羊移动或休息时，羔羊会回到它们的母亲身边吸吮乳头。有时，母羊会移开一段距离去觅食，将它们的羔羊留在幼年群中几个小时。这时羔羊会一起玩耍、一起吃草、休息或探索。

羔羊的大多数玩耍行为都是在模仿成年羊的行为模式。羔羊的玩耍行为一般可分为性互动（坐骑、扭动和前腿踢腿）、对抗性互动（臀部、碰撞、威胁跳跃、角威胁、面部摩擦、肩推和低伸）和特定互动（头部接触、颈部接触和扭动）。一般玩耍活动的时间很短，平均 1.5 ~ 2.3 min，玩耍的发生率在仲夏达到峰值，此时羔羊的年龄在 9 ~ 11 周龄。碰头和推肩是最常见的社交互动。公羔羊比母羔羊坐姿更高，通常玩耍次数更多。这一结果与家养绵羊玩耍的研究结果相似。绵羊的玩耍行为主要发生在年龄和体形分组内，在

1 岁或更大的绵羊中不常见。环境似乎会影响玩耍行为，因为山地和沙漠生活的大角羊之间玩耍的频率不同。

二、集约化养殖下的社交行为

（一）社交分组

饲养的绵羊群的规模差异很大，从小面积饲养的少数动物群，到数百甚至数千只动物广泛放牧的农场。母羊群是许多商业绵羊企业的基础。育种母羊群用于羊奶和羊毛生产以及育种替代。母羊群通常是混合年龄的，年轻的羊被引入育种群，而年长的母羊因年龄、牙齿磨损或其他残疾而被淘汰。根据环境和生产系统，年轻的母羊通常在 1.5 ~ 2.5 岁时交配，然后通常被饲养 4 ~ 5 个育种季节。

在养殖条件下，与野生物种相比，母羊产羔时从羊群中退出的时间更短或没有退出。母羊通常在较小的、有遮蔽的围场产羔，在那里它们可以被监督，或者在室内产羔。由于家养绵羊品种通常是为了繁殖力而选择的，因此家养绵羊的多胞胎比野生绵羊的多胞胎要常见得多。母羊可能表现出对一只羔羊的偏爱，甚至拒绝另一只羔羊。大多数商业养殖操作通过将羔羊从母羊群中移除来断奶。这种情况通常发生在 12 ~ 16 周龄，但在一些专业系统中，最早可能发生在 4 周龄。

公羊的饲养主要用于繁殖目的，与母羊的比例约为 1 : 50。除在繁殖季节外，雄性与雌性分开放置在相对较小的群体中。家羊群体的社会组织与野羊在单身群体中的社会组织非常相似。由于许多商业公羊没有角，主导地位通常基于体形和体重，这通常与年龄成正比。商业公羊通常在它们变老之前被淘汰。体形相似的公羊之间会更频繁地发生战斗，尤其是当它们是群体中最大的公羊时。公羊群体的管理通常是为了避免重新组合和引入新动物，这会导致攻击性互动的增加。

当与母羊混合时，公羊之间的社交互动将受到群体中母羊数量的影响。当公羊与母羊群混合繁殖时，公羊的使用数量将取决于母羊群的大小以及母羊群的地形和分布。虽然 1 只公羊可以与超过 100 只母羊交配（Allison, 1975），但公羊比例为 2% 或更高更为常见。如果引入母羊群的公羊是年轻的或经验较少的公羊，则会提高。

母羊之间的社会交往会影响交配过程。有时，发情中期的母羊会干扰公羊对另一只母羊的照料。年幼的母羊可能会被这种类型的活动取代，并且在接受行为信号方面也可能不如年长的母羊那么明显。

（二）群体规模和空间允许对社交行为的影响

一般来说，4 ~ 5 只可视为构成社会稳定群体的绵羊数量下限。在数量低于此值时，行为可能不是典型的物种，饲料摄入量可能减少。这一下限因品种而异，羊群本能强的羊群类型，如美利奴羊，在很小的群体中比不合群的品种更不舒服。例如，苏格兰黑脸羊，在广泛的条件下，可以分成由 4 只羊组成的小组。群体规模的增加对绵羊的社会行为没有很大的影响，除非空间有限、资源（特别是饲料）有限。这些效应会导致进料槽处的竞争增加，因为相对于可用空间的量，群的大小在增加。

在牧场，群体规模的增加（由农民决定）可能会导致建立一个更大的羊群觅食，而社会行为没有明显变化，或者动物可能分成亚群。单个绵羊可以识别多少其他绵羊尚不确定，但由于大型商业绵羊群中的社会组织似乎更依赖于跟随行为而不是社会等级，缺乏个体识别可能不会改变大群体内的社会行为。Squires（1974）研究了一群 1 000 只美利奴母羊，它们仍然是一个单独的群体。羊群分散觅食，在几只羊的带领下前往饮水点，其余羊群形成宽阔的三角形。当来自不同羊群的羊混合在一起时，它们可能会在一段时间后保持为单独的亚群。将两组相同年龄的美利奴母羊放在一起，在混合后的 20 d 内没有完全整合。不同品种的绵羊如果饲养在同一块土地上，可能永远不会完全融合。

牧场上绵羊亚群的形成部分取决于饲料供应量。在饲料不受限制的情况下，绵羊可能会保持为一个单独的群体或几个大群体，而在饲料短缺时期，羊群可能会分裂成许多较小的、分布广泛的亚群。在起伏的地形或有林区的地方也更有可能形成亚群。

羊亚群的大小受品种和年龄的影响。研究表明，美利奴羊形成的亚群比英国品种大，亚群大小随年龄增加而增加。

如前所述，减少圈养绵羊的空间会增加优势效应的影响，这表现为对资源的竞争加剧。在牧场，改变饲养可能会影响羊群的分散，但这似乎取决于品种。研究发现，美利奴羊实际上将其占据的空间从每只绵羊 60 m^2 减少到了每只绵羊 30 m^2，因为可用围场面积从每只绵羊 345 m^2 增加到 1 250 m^2。相比之下，科里代尔湿地动物并没有随着围场大小的改变而改变它们的活动。

因此，尽管分散模式随地形和饲料供应而变化，但某些群居品种（如美利奴）更适合放牧资源相对均匀分布的牧场。其他更容易分成亚群的品种更适合在食物分布不均或海拔较高的环境中放牧。

（三）对生产的社交影响

一般来说，牧场羊群之间的竞争是最小的，对饲养和生产力的影响很小。在饲料质量或可用性降低的情况下，绵羊在放牧期间往往会增加其分散程度。此外，绵羊会调整其社会组织和散布模式以适应地形或其他地理特征的变化。竞争效应可能发生在绵羊身上，在有限的空间内提供宝贵的资源（通常为食物）。

由于绵羊的强烈社会性，几乎所有的农业系统都会尽可能地将多个个体保持在一起。绵羊会因社会隔离而承受巨大压力，除非它们被当作“宠物”饲养。已经证明，通过使用镜子来反映孤立动物的图像，可以部分缓解这种应激效应。对 1 ~ 15 只绵羊群体的研究表明，少于 4 只绵羊群体的生长显著降低。

社交行为的一个方面对养羊业的生产力有很大的影响，那就是母性行为的强度和质量。羔羊在出生和断奶之间死亡是许多养羊系统生产损失的主要组成部分之一。不太容易在分娩后受到干扰并遗弃其羔羊的母羊，更有可能成功地饲养其后代。

与其他物种一样，多产母羊比初产母羊更常表现出更好的母性行为。此外，家养绵羊的母性行为也有所不同。观察结果表明，美利奴母羊良好的母性行为的发生率低于其他品种。遗传因素对绵羊母性能力的证明是由育种者选择和育种不同羊系的能力提供的。也可以通过使用间接测试来选择母性较好的母羊。不同品种的羔羊在辨认自己母亲的能力上也各不相同。与纯种美利奴羊相比，边界莱斯特羊和美利奴羊更受母羊的吸引，更能有效地区分自己的母羊。

三、社交行为、管理和动物福利

（一）分组和分离问题

由于在大多数商业条件下，优势等级不会对母羊或绵羊群体的行为产生强烈影响，因此重新组合这些绵羊类别通常不会导致严重的行为问题。混合后不同组完全融合可能需要相当长的时间。然而，公羊群体确实表现出很强的统治等级，公羊重组可以加强公羊之间发生的侵略程度。

由于在商业实践中羔羊通常比在自然条件下更早断奶，因此断奶时的分离过程会给羔羊和母羊带来一些压力。断奶引起的压力的明显迹象通常会在几天后消失。因此，集约化养殖中可通过渐进式分离缓解这一问题。Orgeur 等（1998）发现，在断奶前的 2 个月内，每天增加时间间隔的计划减少了羔羊和母羊在 3 个月大时最终分离后的行为障碍。熟悉的幼年同种动物的存在可能会给最近断奶的绵羊提供某种形式的社会支持。有证据表明，与不熟悉的羔羊相比，将它们与熟悉的同种动物放在一起时，羔羊与母羊分离造成的压力会降低。

（二）社交隔离和便利化

羔羊早期断奶的一个潜在问题是它们可能没有足够的时间从母羊那里学习适当的放牧策略。对条件性饲料厌恶的研究表明，羔羊通过与母亲一起放牧来学习避免哪些饲料。在山区放牧的绵羊通过社会学习获取有关资源位置和季节性的信息。因此，当绵羊在自然放牧条件下转移到不熟悉的农场中饲养时，需要格外小心。

由于羊具有很强的社会性，不应该单独饲养羊。一个例外是，圈养的母羊通常在产羔时移入一只单独的畜栏中，并且在结合期发生时与后代保持分离。这一过程遵循自然发生的行为。有时为了科学研究而单独饲养羊，尽管许多羊对这种情况有明显的适应，但有些个别的羊不能适应，应该移除并与一组羊待在一起。

（三）与支配相关的问题

与优势相关的行为可能会成为饲养期间限制喂食或躺卧空间的绵羊的问题。当不同大小、类别或角发育的动物混合在一起时，这种情况可能会加剧。然而，大多数与羊群中的优势相关的问题都发生在公羊身上。公羊可以花一段时间打斗，特别是在繁殖季节之前和期间。如果有两只或更多的公羊在角、体形和统治地位上势均力敌，打斗可能会加剧。公羊在打斗中可能会受伤，伤口可能会被梭状芽孢杆菌和其他细菌感染。

（四）异常行为

绵羊最严重的异常社会行为类型之一是母羊的不良母性行为，据观察，这直接导致澳大利亚养殖条件下 16% 的羔羊死亡。出生地的干扰是牧场绵羊母性行为失败的关键影响因素。对美利奴母羊的研究表明，在产地度过的时间与羔羊的分离和死亡率成反比。母羊从出生地遗弃羔羊的发生率因品种而异。尽量减少母羊遗弃羔羊的策略包括尽量减少人类对产羔母羊的干扰，在产羔围场提供足够的空间，以尽量减少其他母羊的干扰，并确保足够的产前母羊的喂养水平。在一项研究中，双胎母羊妊娠后期喂养水平降低导致产羔后遗弃率为 19%，而喂养良好的母羊的遗弃率为 4%。

公羊未能与发情的母羊交配可能被归类为异常行为，特别是当公羊完全成熟时。年轻的、没有性经验的公羊在第一次被引入母羊时往往表现出交配能力下降，特别是如果它们在断奶和青春期之间没有与母羊接触。这些影响通常是短暂的，但可能会持续到以后的交配中。此外，一些公羊对母羊没有任何性兴趣，即使在反复或长时间接触后也是如此。Price 等的一项研究记录了 18.5% 的年轻公羊在安装测试期间没有表现出任何性行为。另有 7.4% 的公羊更喜欢骑雄性而不是雌性，并被归类为同性取向。这种同性取向独立于全公羊组中表现出的雄性–雄性同样由异性取向的公羊执行。虽然“非工作”公羊的比例可以通过增加断奶后发育过程中与雌性的接触水平来减少，但从实际的管理角度考虑这种方法可能不适合。

绵羊是群居性最强的农场动物之一，需要与许多同种动物密切联系，以减轻压力，允许正常行为，促进管理和生产力。然而，这种密切接触的要求并没有伴随着羊群中复杂的社会组织。除优势等级强烈影响社会互动的公羊外，群居性和跟随者特征也是绵羊群体的典型特征。毫无疑问，这些特性有助于羊的早期驯化，即使在今天，对它们的认识对于成功的养羊业也是必不可少的。

应用行为学家才刚刚开始探索农场动物的认知能力。尽管有证据表明某些物种具有复杂的认知能力，但人们倾向于仅在特定物种中探索主题。例如，大多数母系后代识别的探索都涉及绵羊。虽然这种方法已经对这些物种的认知机制有了很好的理解，但将这些发现外推到其他物种可能并不合适，如果要了解它们对健康的影响，就需要了解所有家养物种的信息。

了解社会认知可能通过以下方式对动物生产起作用。首先，社会信息的识别和处理对于有效理解和管理社会群体以及限制群体规模可能很重要。其次，在动物需要从自动喂食器喂食、进入自动挤奶系统和使用通道进入称重秤和其他设施的情况下，可以将社会学习用于这些情况。这些系统对于动物来说最大的好处是动物可以控制何时访问各种设施。如果动物也可以在不受人类看护或人的驱使的情况下从牧群中学习如何使用它们，那么畜牧业系统将变得更加人性。第三，对动物交流的更深入理解可能会提供有关农场动物所经历的消极和积极情绪状态的更详细信息，然后将更好地评估它们的福利。

社会环境具有改善和减少动物福利的潜力。可以通过玩耍或相互梳理等社交互动来缓解无聊、减少恐惧并提升快乐。然而，如果畜群管理不当，攻击性和癔症会导致特定个体受伤和焦虑。

个体识别可能会发生，但在商业条件下的大型同质羊群中，个体识别有多重要？如果配对结合通常发生在商业条件下，那么可以利用它来减少压力情况。例如，在运输过程中，应该尽一切努力将配对的动物一起运输。当母猪产仔时，也许应该将结合母猪置于邻近的产仔箱，并最终返回到一个社会群体。类似地，可能紧密结合的母牛应该被一起引入挤奶牛群，然后在它们的哺乳期结束时一起进入干奶期。当我们更了解动物之间的友好关系时，所有这些操作都可能是有益的。

在过去的 50 年里，动物科学取得了巨大的进步。我们现在对农场动物的健康、营养、生理、环境和行为需求有了全面的了解。最后的前沿将是了解它们的认知过程，因为它们是社会物种，特别是它们的社会认知。正如已经多次讨论的那样，我们永远不会确切地知道动物在想什么，但间接探测器正在开发中，通过这些探测器我们可以对它们的认知过程做出合理的猜测。我们目前只是在摸索表面。只有在社会认知领域建立大量的知识体系，我们才能对农场动物生物学有一个完整的了解。只有全面了解各种情况，我们才能为农场动物提供它们需要和应得的照顾和管理。

参考文献

ALLISON A J，1975. Flock mating in sheep. I. Effect of number of ewes joined per ram on mating behaviour and fertility[J]. New Zealand Journal of Agricultural Research，18：1–8.

AREY D S，1991. Tail-biting in pigs[J]. Farm Building Progress，105：20–23.

ARNOLD G W MALLER R A，1974. Some aspects of competition between sheep for supplementary feed[J]. Animal Production，19：309–319.

BLACKSHAW，J K，THOMAS F J，BLACKSHAW A W，1994. The relationship of dominance，forced and voluntary leadership and growth rate in weaned pigs[J]. Applied Animal Behaviour Science，41：263–268.

BOISSY A，TERLOUW C，LE NEINDRE P，1998. Presence of cues from stressed conspecifics increases reactivity to aversive events in cattle：evidence for the existence of alarm substances in urine[J]. Physiology and Behavior，63：489–495.

BOUISSOU M F，1978. Effects of injections of testosterone propionate on dominance relationships in a group of cows[J]. Hormones and Behavior，11：388–400.

BRIEDERMANN L，1992. Ergebnisse von Untersuchungen zur Reproduktion des Mufflons（Ovis ammon musimon）[J]. Zeitschrift für Jagdwissenschaft，38：16–25.

CROFTON H D，1958. Nematode parasite populations in sheep on lowland farms. VI. Sheep behaviour and nematode infections[J]. Parasitology，48：251–260.

Eccles T R，Shackleton D M，1986. Correlates and consequences of social status in female bighorn sheep[J]. Animal Behaviour，34：1392–1401.

ENTSU S，DOHI H，YAMADA A，1992. Visual acuity of cattle determined by the method of discrimination learning[J]. Applied Animal Behaviour Science，34：1–10.

FESTA–BIANCHET M，1988. Seasonal range selection in bighorn sheep：conflicts between forage quality，forage quantity and predator avoidance[J]. Oecologia，75：580–586.

FRASER D，1974. The behaviour of growing pigs during experimental social encounters[J]. Journal of Agricultural Science，82：147–163.

GONYOU H W，1997b. Behaviour and productivity of pigs in groups composed of disproportionate numbers of littermates[J]. Canadian Journal of Animal Science，77：205–209.

GRAVES H B，1984. Behaviour and ecology of wild and feral swine（Sus scrofa）[J]. Journal of Animal Science，58：482–492.

GRUBB P，JEWELL P A，1966. Social grouping and home range in feral Soay sheep[J]. Symposium of the Zoological Society of London，18：179–210.

GUHL A M，ATKESON F W，1959.Social organization in a herd of dairy cows[J]. Transactions of the Kansas Academy of Science，62：80–87.

HOGG J T，1984. Mating in Bighorn sheep：multiple creative male strategies[J]. Science，225：526–529.

JENSEN P，WOOD–GUSH G M，1984. Social interactions in a group of free–ranging sows[J]. Applied Animal Behaviour Science，12：327–337.

JENSEN P，1989. Nest site choice and nest building of free–ranging domestic pigs due to farrow[J]. Applied Animal Behaviour Science，22：13–21.

KENDRICK K M，1991. How the sheep's brain controls the visual recognition of animals and humans[J]. Journal of Animal Science，69：5008–5016.

KENDRICK K M，BALDWIN B A，1987. Cells in temporal cortex of conscious sheep can respond preferentialy to the sight of faces[J]. Science，236：448–450.

KILEY M，1972.The vocalisations of ungulates，their causation and function[J]. Zeitschrift für Tierpsychologie，31：171–222.

KILGOUR R，AMPIN D N，1973. The behaviour of entire bulls of different ages at pasture[J]. Proceedings of the New Zealand Society of Animal Production，33：125–138.

KLEMM W R，SHERRY C J，SIS R F，et al.，1984. Evidence of a role for the vomeronasal organ in social hierarchy in feedlot cattle[J]. Applied Animal Behaviour Science，12：53–62.

LAZO A，1994. Social segregation and the maintenance of social stability in a feral cattle population[J]. Animal Behaviour，48：1133–1141.

LE-NEINDRE P，SOURD C，1984. Influence of rearing conditions on subsequent social behaviour of Friesian and Salers heifers from birth to six months of age[J]. Applied Animal Behaviour Science，12：43-52.

LEVY F，POINDRON P，1987. The importance of amniotic fluids for the establishment of maternal behaviour in experienced and inexperienced ewes[J]. Animal Behaviour，35：1188-1192.

MARTIN J T，1975. Movement of feral pigs in North Canterbury，New Zealand[J]. Journal of Mammalogy，56：914-915.

MCCLELLAND B E，1991. Courtship and agonistic behaviour in mouflon sheep[J]. Applied Animal Behaviour Science，29：67-85.

MEESE G B，EWBANK R，1973. Exploratory behaviour and leadership in domestic pig[J]. British Veterinary Journal，129：251-259.

ORGEUR P，MAVRIC N，YVORE P，et al.，1998. Artificial weaning in sheep：consequences on behavioural，hormonal and immuno-pathological indicators of welfare[J]. Applied Animal Behaviour Science，58：87-103.

SCHEIN M W，FOHRMAN M H，1955. Social dominance relationships in a herd of dairy cattle[J]. British Journal of Animal Behaviour，3：45-55.

SCHLOETH R，1961.Das Sozialleben des Camargue Rindes[J]. Zeitschrift für Tierpsychologie，18：574-627.

SHILLITO-WALSER E，WALTERS E，HAGUE P，1982. Vocal communication between ewes and their own and alien lambs[J]. Behaviour，81：140-151.

SQUIRES V R，1974.Grazing distribution and activity patterns of Merino sheep on a saltbush community in South-East Australia[J]. Applied Animal Ethology，1：17-30.

STOLBA A，WOOD D G M，1989.The behaviour of pigs in a seminatural environment[J]. Animal Production，48：419-425.

WALKER N，1991. The effects on performance and behaviour of number of growing pigs per mono-place feeder[J]. Animal Feed Science and Technology，35：3-13.

WARNICK V D，ARAVE C W，MICKELSEN C H，1977. Effects of group，individual and isolated rearing of calves on weight gain and behavior[J]. Journal of Dairy Science，60：947-953.

WOOD G W，BRENNEMAN R E，1980. Feral hog movements and habitat use in coastal South Carolina[J]. Journal of Wildlife Management，44：420-427.

第八章
动物健康与疫病防控

近年来，规模化养殖场发展迅速，但同时对于疫情防控的难度也逐渐增加。疫情的防控至关重要，动物疫病不仅会对养殖场造成严重的经济损失，而且还严重危害到人类健康。动物疫情与健康所涉及的内容较广，包括生产的所有环节，包括物品运输、合理饲喂、免疫接种等。生物安全防控可以把疫情隔离在养殖场之外，是保障畜禽健康生长的关键。本章主要介绍了传染病的传播过程及其防控，并详细介绍了非洲猪瘟、布鲁氏菌病、伪狂犬病以及鸡传染性喉气管炎，为畜禽养殖场防控疫病与动物的健康生长提供一定的参考。此外，各级行政部门应采取加大宣传力度，强化培训以及制定相关政策等措施，同时结合技术方面上控制疫病传播，健全阳性畜无害化处理制度。

第一节　动物健康与疫病概述

随着集约化养殖的迅速发展，饲养规模逐渐扩大，饲养方式的高密度集约化及频繁调运等因素使畜禽更易发生流行性、群发性的疫病，畜禽死亡造成的直接经济损失高达几百亿。在高度集中的饲养情况下，呼吸道疾病的产生更加频繁和严重（洪爱萍，2014）；大量的粪便若不及时清理，容易滋生出有害微生物。畜禽传染病是严重危害畜禽生产的一类疾病，不仅会造成大批的畜禽死亡和畜产品的损失，影响人类的生活质量。此外，还存在一些人畜共患的传染病会给人类健康带来严重的威胁。例如，布鲁氏菌引起的自然疫源性人兽共患病布鲁氏菌病能够引起人类长期发热、多汗、关节疼痛等，并且人类普遍易感，不分年龄、性别（Khan et al.，2018；马牧原等，2020；穆嘉明等，2021）。

畜禽生产中由于传染病的发生会导致畜禽生产受到影响，严重的传染病还会导致养殖场或者养殖户大面积扑杀畜禽，对畜禽生产的经济收益产生巨大的威胁。自 2018 年 8 月非洲猪瘟在我国暴发以来，截至 2019 年 3 月底，非洲猪瘟疫情已涉及28个省份，共发生115起家猪和野猪疫情，累计扑杀生猪百余万头。此次非洲猪瘟的疫情已经涉及诸多大型的养殖场，例如，黑龙江省明水县和江苏省泗阳县的2起疫情中猪场的生猪存栏量达到7万头，广西壮族自治区北海市银海区的疫情中猪场的生猪存栏量超过2万头，陕西省靖边县的疫情中猪场生猪存栏量超过1万头（张秀青，2019）。因此，了解畜禽的疫病及其防控对畜禽集约化养殖的健康、高效至关重要。

第二节　畜禽传染病的发生

一、畜禽传染病的发展阶段

在大多数情况下，畜禽传染病的发展阶段和传染病的发展过程可分为潜伏期、前驱期、明显期（发病期）和转归期（恢复期）4个阶段。

1. 潜伏期

从病原致病刺激物入侵畜禽机体或者对机体产生作用，直到机体出现反应或开始呈现症状时止，这一过程阶段称潜伏期。一般症状不明显或慢性的传染病潜伏期长短差异较大，而急性传染病潜伏期的长短差异较小（金玉龙，2015）。

2. 前驱期

从发病至症状明显开始为止的时期，该时期症状仍然不明显，可能会出现一些常见的发热、食欲减退等一般症状。前驱期的临床表现通常是非特异性的，为很多传染病所共有，起病急骤者前驱期可很短暂或无。

3. 明显期

明显期又称发病期。疾病发展到高峰的阶段，该时期内传染病的特征症状慢慢明显展现，因此比较容易通过此时期来识别传染病（金玉龙，2015）。

4. 转归期

转归期又称恢复期。不同传染病转归期不同，急性传染病的转归期较短。康复的畜禽体内病理生理过程基本终止，症状及体征基本消失。但体内可能有残余病原体，病理改变和生化改变尚未完全恢复（金玉龙，2015）。

二、畜禽传染病的流行过程

畜禽传染病的流行过程是指从家畜个体感染发病发展到家畜群体发病的过程，也就是传染病在畜群中发生和发展的过程。畜禽传染病的流行过程包括 3 个基本条件，即传染源、传播途径以及易感动物。3 个环节必须同时存在并相互联系才能使疫病在动物群体中流行，切断其中任何一个环节，就可以阻止传染病的传染（图 8–1）。

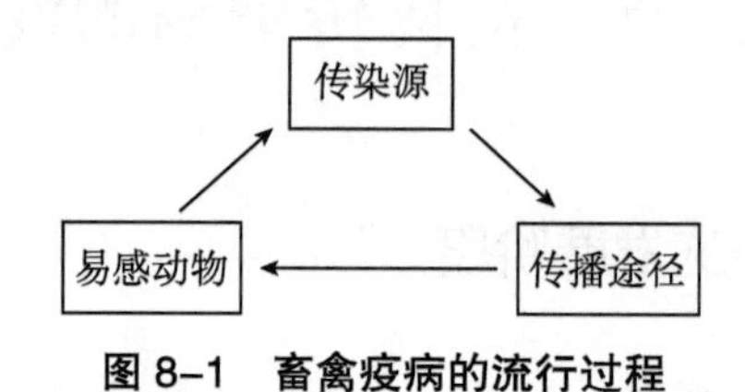

图 8–1　畜禽疫病的流行过程

1. 传染源

传染源指动物体内可排出体外的病原，同时动物所携带的也可在动物体内生长、繁殖（张虎，2014）。传染源可分为病原携带者和患病动物。病原携带者是指携带且可排出病原，但还未表现出症状的禽畜有机体。患病动物是指携带且可排出病原，也表现出感染症状的禽畜有机体，它是主要的传染源。传染期就是指患病动物能够排出病原到外部环境的整个时期。隔离期一般根据各种传染期的长短来制订。

2. 传播途径

畜禽传染病的传播途径是指染病畜禽将病原微生物排出体外，经过某种方式传播给健康动物的一个过程。传播途径可划分为直接接触传播和间接接触传播 2 种方式。畜禽传染病的直接接触传播是指在没有外界因素的参与下，染病动物通过交配、撕咬等方式将传染源传播给其他动物，但是不易造成大范围的感染，且一般能查到疾病的病因。畜禽传染病的间接传播是指在外界条件的干预下（被污染的水、饲料、空气及土壤等），病原体通过传播媒介将病原微生物传播给易感动物的方式（王晓洁，2021）。

3. 易感动物

易感动物指对某种病原体高度易感暂未发病的健康动物。一般是指未接种过疫苗对某种疫病没有免疫力的动物，或是虽然以前经过免疫但目前机体内抗体滴度很低（低于保护力的临界线），起不到保护作用的动物。不同的传染病有不同的易感动物，一般情况下幼年的畜禽较为容易感染传染病（王晓洁，2021）。而日龄较大的动物因为具有较强的抵抗力，对传染病的感染不易感。因此，在生产实践中，需要加强饲养管理，重点照顾下幼龄的饲养动物，使幼龄动物度过易感时期从而得到较强的免疫能力。

三、动物传染病的流行过程

在动物传染病的流行过程中，根据传染病的种类和性质不同，流行强度也有所差异。根据在一定时间内发病率的高低和传播范围的大小，可将流行强度分为散发性、地方流行性、流行性和大流行 4 种表现方式（张虎，2014）。

1. 散发性

散发性是指在特定的时间内，某种传染病呈现散发性发生或者是零星发生，此外所出现的病例之间并没有一定明显的联系（时间和空间上）。

导致散发性传染病发生的原因有以下几种。一是动物群体对某种传染病的免疫水平相对较高，如口蹄疫等；二是某种传染病的隐性感染比例较大，如钩端螺旋体病等；三是某种传染病的传播需要一定的条件，如破伤风等。

2. 地方流行性

地方流行性是指局限在一定的地区和群体中传播，流行规模较小，如猪气喘病、猪丹毒、马腺疫等。地方流行性一般具有两方面的含义。第一层是在一定地区一段长时间内发病的数量仅比散发性所发生的数量多出一些。第二层是指相对的数量之外，还有一定地区性的意义。

3. 流行性

在一段时间范围内某种传染病在一定畜禽的群体内出现了较多的病例，没有绝对的数量界限，表示的是疾病发生的频率较高。不同的区域存在的不同疫病被称作流行，其发病率的高低并不一致。流行性的疫病具有传播能力强、传播范围较广、发病率高等特性。流行性疫病在没有得到很好的防控时，周边的镇、县甚至省市都能被波及，如猪瘟、禽流感、伪狂犬等。

4. 大流行

大流行是指某种传染病具有来势猛、传播快、所感染的动物比例较大、涉及面广的流行现象。大流行所波及的范围比较大，可以波及几个省、几个国家甚至是几个大洲，如 H7N9 引起的禽流感、非洲猪瘟等。

散发性、地方流行性、流行性和大流行四者之间并没有特定的界限，之间有一定的相对性。散发性与地方流行性的疫病如果防控不当也有可能转变为流行性甚至是大流行。

第三节　动物疫病的分类

动物疫病是指动物传染病、寄生虫病。动物疫病的分类有三种划分方式，即根据病原微生物、动物种类、传染病对动物的损害程度。其中，传染病对动物的损害程度的划分方式是最主要的划分方式。

一、病原微生物

按病原微生物种类将传染病分为寄生虫性传染病（弓形虫病、猪囊尾蚴病等）、病毒性传染病（禽流感、禽痘、鸭瘟、东方马脑炎等）、细菌性传染病、真菌性传染病等。

二、动物种类

按动物种类将传染病划分为猪传染病、牛传染病、羊传染病和鸡传染病等。

三、畜禽体内发病部位

按畜禽体内发病部位可将传染病划分为全身性传染病、消化系统、呼吸系统、生殖系统等传染病。

四、危害程度

按传染病危害程度可划分为一类传染病、二类传染病和三类传染病。对人与动物危害严重，需要采取紧急、严厉的强制预防、控制、扑灭等措施的为一类疫病。可能造成重大经济损失，需要采取严格控制、扑灭等措施，防止扩散的为二类疫病。常见多发、可能造成重大经济损失，需要控制和净化的为三类疫病。其中一类传染病的危害程度最严重，目前我国划分为一类动物传染病的有高致病性禽流感、口蹄疫等。

根据《中华人民共和国动物防疫法》，农业农村部于 2022 年 6 月发布了第 573 号公告，对原《一、二、三类动物疫病病种名录》进行了修订。表 8–1 列出了一、二、三类动物疫病病种名录。

表 8–1　一、二、三类动物疫病病种名录

级别	分类	疫病
一类动物疫病（11 种）	—	口蹄疫、猪水疱病、非洲猪瘟、尼帕病毒性脑炎、非洲马瘟、牛海绵状脑病、牛瘟、牛传染性胸膜肺炎、痒病、小反刍兽疫、高致病性禽流感

续表

级别	分类	疫病
二类动物疫病（37种）	多种动物共患病（7种）	狂犬病、布鲁氏菌病、炭疽、蓝舌病、日本脑炎、棘球蚴病、日本血吸虫病
	牛病（3种）	牛结节性皮肤病、牛传染性鼻气管炎（传染性脓疱外阴阴道炎）、牛结核病
	绵羊和山羊病（2种）	绵羊痘和山羊痘、山羊传染性胸膜肺炎
	马病（2种）	马传染性贫血、马鼻疽
	猪病（3种）	猪瘟、猪繁殖与呼吸综合征、猪流行性腹泻
	禽病（3种）	新城疫、鸭瘟、小鹅瘟
	兔病（1种）	兔出血症
	蜜蜂病（2种）	美洲蜜蜂幼虫腐臭病、欧洲蜜蜂幼虫腐臭病
	鱼类病（11种）	鲤春病毒血症、草鱼出血病、传染性脾肾坏死病、锦鲤疱疹病毒病、刺激隐核虫病、淡水鱼细菌性败血症、病毒性神经坏死病、传染性造血器官坏死病、流行性溃疡综合征、鲫造血器官坏死病、鲤浮肿病
	甲壳类病（3种）	白斑综合征、十足目虹彩病毒病、虾肝肠胞虫病
三类动物疫病（126种）	多种动物共患病（25种）	伪狂犬病、轮状病毒感染、产气荚膜梭菌病、大肠杆菌病、巴氏杆菌病、沙门氏菌病、李氏杆菌病、链球菌病、溶血性曼氏杆菌病、副结核病、类鼻疽、支原体病、衣原体病、附红细胞体病、Q热、钩端螺旋体病、东毕吸虫病、华支睾吸虫病、囊尾蚴病、片形吸虫病、旋毛虫病、血矛线虫病、弓形虫病、伊氏锥虫病、隐孢子虫病
	牛病（10种）	牛病毒性腹泻、牛恶性卡他热、地方流行性牛白血病、牛流行热、牛冠状病毒感染、牛赤羽病、牛生殖道弯曲杆菌病、毛滴虫病、牛梨形虫病、牛无浆体病
	绵羊和山羊病（7种）	山羊关节炎/脑炎、梅迪-维斯纳病、绵羊肺腺瘤病、羊传染性脓疱皮炎、干酪性淋巴结炎、羊梨形虫病、羊无浆体病
	马病（8种）	马流行性淋巴管炎、马流感、马腺疫、马鼻肺炎、马病毒性动脉炎、马传染性子宫炎、马媾疫、马梨形虫病
	猪病（13种）	猪细小病毒感染、猪丹毒、猪传染性胸膜肺炎、猪波氏菌病、猪圆环病毒病、格拉瑟病、猪传染性胃肠炎、猪流感、猪丁型冠状病毒感染、猪塞内卡病毒感染、仔猪红痢、猪痢疾、猪增生性肠病
	禽病（21种）	禽传染性喉气管炎、禽传染性支气管炎、禽白血病、传染性法氏囊病、马立克病、禽痘、鸭病毒性肝炎、鸭浆膜炎、鸡球虫病、低致病性禽流感、禽网状内皮组织增殖病、鸡病毒性关节炎、禽传染性脑脊髓炎、鸡传染性鼻炎、禽坦布苏病毒感染、禽腺病毒感染、鸡传染性贫血、禽偏肺病毒感染、鸡红螨病、鸡坏死性肠炎、鸭呼肠孤病毒感染

续表

级别	分类	疫病
三类动物疫病（126种）	兔病（2种）	兔波氏菌病、兔球虫病
	蚕、蜂病（8种）	蚕多角体病、蚕白僵病、蚕微粒子病、蜂螨病、瓦螨病、亮热厉螨病、蜜蜂孢子虫病、白垩病
	犬猫等动物病（10种）	水貂阿留申病、水貂病毒性肠炎、犬瘟热、犬细小病毒病、犬传染性肝炎、猫泛白细胞减少症、猫嵌杯病毒感染、猫传染性腹膜炎、犬巴贝斯虫病、利什曼原虫病
	鱼类病（11种）	真鲷虹彩病毒病、传染性胰脏坏死病、牙鲆弹状病毒病、鱼爱德华氏菌病、链球菌病、细菌性肾病、杀鲑气单胞菌病、小瓜虫病、粘孢子虫病、三代虫病、指环虫病
	甲壳类病（5种）	黄头病、桃拉综合征、传染性皮下和造血组织坏死病、急性肝胰腺坏死病、河蟹螺原体病
	贝类病（3种）	鲍疱疹病毒病、奥尔森派琴虫病、牡蛎疱疹病毒病
	两栖与爬行类病（3种）	两栖类蛙虹彩病毒病、鳖腮腺炎病、蛙脑膜炎败血症

此外，早在1964年，世界动物卫生组织制定了A类疾病（15种）和B类疾病（40种）两个名单。A类疾病是指可以在全球范围内超越国境迅速传播的传染病，这些疾病不仅可以造成畜牧业重大的经济损失，而且还可以引起严重社会经济或公共卫生后果，并可以对动物和动物产品的国际贸易带来严重的影响，包括口蹄疫、猪瘟、高致病性禽流感和新城疫等烈性传染病（李凯年，2003）。B类疾病是指地方性不能造成全球性快速传播的传染病，对国内社会经济或公共卫生造成影响，对动物和动物产品的国际贸易有明显的影响，包括炭疽、布鲁氏菌病、牛结核病、狂犬病等人兽共患病及非烈性动物疾病（李凯年，2003）。2005年，世界动物卫生组织取消了A类和B类疫病名录分类，统一为目前的须通报陆生和水生动物疫病名录。2019年生效的世界动物卫生组织疫病名录包括117种动物传染病和寄生虫病，涉及13个陆生和水生动物种类。

第四节　畜禽传染病的诊断与治疗

一、畜禽传染病的诊断

当传染病暴发的时候，做好诊断有利于及时针对该种传染病做出及时的治疗手段。做好动物传染病的诊断对提高养殖效益具有重要意义。动物传染病主要是通过向养殖户了解及肉眼对病症的观察等对传染病展开诊断和治疗。此外，配合实验室的检查确定病情，也是诊断动物传染病普遍运用的一种方式（周朝相，2016）。诊断动物疫病的方法包括临床诊断法、流行病学诊断法、实验室诊断法。

1. 临床诊断法

临床诊断法是动物传染病诊断方法中的基础诊断方法，是利用简单的器械（体温计、听诊器等）对患病动物进行检查。临床诊断方法主要适用于具有典型特征的疫病。临床诊断方法通常用于确定疫病范围，需借助其他诊断方法进行确诊，若单独使用，难以有效地诊断出隐性患病动物（周朝相，2016）。临床诊断主要根据动物患病表现，不能根据个别病症而确诊，要避免造成误诊。临床诊断法是参照一些典型病例的特征作出初步的判断，若所表现出的症状较为一致，可作出初步诊断结果。若症状不典型或不明显，需借助实验室诊断检测确定动物所患疾病。为避免出现误判，还需要综合所有出现的病症，对其综合判断等。临床诊断内容包括面容、淋巴结、体温、精神状态等，以及系统检查，包括血液、粪便、X线检查等（周朝相，2016；张小娟，2021）。

2. 流行病学诊断法

临床症状可以初步确诊某些疾病，但若进一步确诊，还需结合流行病学特征。例如，询问和调查动物患病时间、环境等，疫情是否进一步扩散、饲养环境及饲喂状况、周围地区疫病流行与免疫状况等（张小娟，2021）。通过流行病学调查，可以明确来源与传播途径，再结合临床症状作出诊断。

3. 实验室诊断法

实验室诊断法是确诊畜禽传染病的最有效的方法，可将染病动物的组织器官在显微镜下观察；对患病动物的粪便或者器官组织进行培养微生物，再通过微生物感染实验动物，确诊是哪种类型的疾病；采集患病动物的血液，分析血液中是否有病原微生物分泌的特定物质或者分析血清中是否有某种特定的抗体也可进行确诊。通过抗原抗体反应，也能有效确诊，且这种方法较为简单，只需要用一种特定的试剂盒可进行分析，这种分析方式也是目前应用最广泛的确诊方法（王晓洁，2021）。

二、动物传染病的治疗

规模化养殖场一旦出现传染病的流行，加强对其治疗不仅是为了降低养殖损失，提高养殖效益，也是为了找到和消灭传染源，避免疫情的进一步传播。近年来，对动物传染病的治疗取得了很大进展，但到目前为止仍有许多疫病，主要是病毒性传染病尚无有效治疗方法（丁文正，2015）。畜禽作为经济动物，如果患病动物无法治愈，或治疗周期长、治疗费用超过了动物愈后所带来的价值，或者患病畜禽对周围的人畜有严重的传染威胁，则应及时淘汰，不予治疗。

1. 加强护理

加强患病动物的护理工作是提高治愈率的重要环节，是治疗工作的基础。确诊动物应做好隔离及扑杀工作，对其周围环境做好消毒，创造出良好的生长环境，注意畜禽舍的温度、湿度、光照、通风等条件的控制，避免其他动物和人员接触隔离区，并且做好隔离区域的消毒清洁。

2. 精心饲喂

治疗期要保证动物获得足够的饲料和饮水，维持动物机体的正常代谢。充足的营养能够在一定程度上补偿组织损害，提供抗体产生的物质基础，以提高机体的防御能力。对传染病动物在加强护理的同时，所提供的饲料、饲草应是易消化、高质量的，少喂勤添、精心饲喂。根据病情需要，还可喂服葡萄糖、食盐、维生素，或者在饲料中添加适当的中草药，或其他营养物质以维持其生命，提高抗病能力，以便早日治愈。

3. 对症治疗

在确定畜禽的病因及病种后，应该采取具有针对性的药物或者治疗手段，调节和恢复机体的生理机能，对症治疗。如使用退热、止痛、止血、镇静、解痉、强心、利尿、防止酸中毒、调节电解质平衡等药物以及实施急救手术和局部治疗等，都属于对症疗法的范畴。对症疗法直接或间接地支持动物机体的防御功能，也有的是为抢救之用。因此，对症疗法对于传染病患病动物的治疗十分必要，决不可忽视（丁文正，2015）。

4. 抑制病原体

所有的传染病，都存在引起疾病暴发的病原体。只有找到确切的病原体并进行药物或者其他方式抑制病原体，才是治疗传染病的正确方式。针对病原体的疗法在动物传染病的发生过程中，病原体及其毒素的致病作用是十分明显而严重的。采用适当的药物帮助动物机体杀灭或抑制病原体，或消除其致病作用就显得特别重要。目前应用最广泛的是抗生素和化学制剂，对少数传染病仍采用抗病毒血清治疗，对个别患病动物可采用噬菌体疗法，偶尔采用菌苗、疫苗治疗慢性传染病（丁文正，2015）。

针对某种传染病的高度免疫血清、痊愈血清（或全血）等特异性生物制品治疗相应的传染病患病动物，称为特异性疗法。例如，抗猪瘟血清只对猪瘟病猪有效，对其他病猪无效；抗鸭瘟血清只对鸭瘟鸭有效，对其他病鸭无效；破伤风抗毒素只对患破伤风动物有效，对其他病无效。抗生素作为细菌性急性传染病的主要治疗药物已广泛应用，并取得了显著成效。使用有效的化学药物帮助动物机体消灭或抑制病原体的治疗方法，称化学疗法。化学药物有磺胺类药物、抗菌增效剂、硝基呋喃类药物等。

第五节　动物传染病的综合防控措施

目前，科学技术在不断进步，但是传染病仍然以预防为主。在现今的畜禽交易市场上，所涉及的动物以及动物产品较多。如今交通较为发达，在畜禽的流转过程中极易出现动物传染病的发生与传播，所以应当加大动物传染病的综合防控，这不仅能够降低国内各个地区动物传染病的发病率和病死率，给养殖户带来更高的经济效益，而且在人兽共患病常发的今天，也能够一定程度上保障人类的生命安全（王伟等，2021）。不同的区域面临着不同的压力，养殖户所面临的动物传染病也不尽相同，所以在动物传染病防控的过程中，应该因地制宜，不能一概而论，要根据当地的高发传染病进行合理的综合防控，从而达到传染病的合理高效防控。

传染源、传播途径以及易感动物是传染病传播的三个基本途径，对于传染病的综合防控也是针对这三个基本传播途径。切断传染源是阻断传染病的最重要方式。传染病最终需要将病原微生物传播给健康的畜禽，完成自身的繁殖。保护易感动物或者提高动物的免疫能力是防控传染病的有效方式（王晓洁，2021）。

一、理念与原则

（一）动物传染病的综合防控措施的理念

1. 群防群控的理念

作为规模化养殖场，防控传染病要从群体出发。养殖人员应注重群体的保健、防疫、诊断及治疗，而不是个体防控的观点，所采取的措施要从群体出发，要有益于群体。从全局出发进行防控的同时，我们仍需要关注动物个体的情况，因为在动物群体中，个体的价值虽然低，但通过对个体防控可以从中得到启发。因此，规模化养殖场应着眼于本地区的疫情暴发规律，制订相应的免疫程序。针对一些重要细菌性动物传染病，应在动物传染病发生之前给予药物预防，也就是说动物的保健工作十分重要。

2. 长远规划的理念

随着货品的流通，传染病也会伴随着货物在世界各国之间进行传染。因此，对于规模化养殖场，制订长远的计划并有计划地分期完成各项防疫措施十分必要。

3. 多病因论的理念

动物传染病的发生往往涉及多种因素，通常是多种因素相互作用的结果。因此，诊断动物传染病，不仅应查明致病的病原，还应考虑外界环境、管理条件、应激因素、营养状况、免疫状态等因素，用环境、生态及流行病学的观点进行分析研究，从设施、制度、管理等方面，采取综合措施，才能有效地控制动物传染病的发生。

4. 多学科协作的理念

一个集约化养殖场并不仅仅是一个领域就可以运转，多学科的密切配合至关重要。例如。从兽医学、畜牧学、生态学、机械设备学等学科角度，从场址选择、场舍建筑、种群引进、种源净化等方面，均应考虑防疫问题。

（二）动物传染病的综合防控措施的原则

1. 健全机构的原则

县级以上农牧部门是兽医行政机构，县级人民政府和乡级人民政府应当采取有效措施加强村级防疫员队伍建设，还可根据动物防疫工作需要，向乡、镇或者特定区域派驻兽医机构，共同担负动物传染病的预防与扑灭工作。兽医防疫工作是一项系统的工程，它与农业、商业、外贸、卫生、交通等部门都有密切的关系，只有依靠政府的统一领导、协调，从全局出发，大力合作，统一部署，全面安排，才能有效及时地把兽医防疫工作做好（张红雁，2007）。

2. 预防为主的原则

动物生产过程中，搞好综合性的防疫措施是极其重要的。随着集约化畜牧业的发展，“预防为主”方针的重要性显得更加突出。若不坚持“预防为主”的原则，兽医防疫工作将会陷入完全被动的局面，畜牧生产也会走向危险的境地。

3. 法律法规建设的原则

我国于1991年实施了《中华人民共和国进出境动植物检疫法》，1998年1月开始实施了《中华人民共和国动物防疫法》，2021年1月又进行了修订并于2021年5月1日执行。这些兽医法律法规对我国动物防疫和检疫工作的方针和基本原则做了明确而具体的叙述，它们是兽医工作者开展防疫、检疫工作的法律依据。

4. 调查监测的原则

由于不同传染病在时间、地区及动物群中的分布特征、危害程度和影响流行的因素有一定的差异，因此要制订适合本地区或养殖场的传染病防控计划或措施，必须在对该地区展开流行病学调查和研究的基础上进行。

5. 突出重点的原则

动物传染病的控制或消灭需要针对流行过程的三个基本环节采取综合性防控措施。但在实施和执行综合性措施时，必须考虑不同传染病的特点及不同时期、不同地点和动物群的具体情况，突出主要因素和主导措施，即使为同一种动物传染病，在不同情况下也可能有不同的主导措施，在具体条件下究竟应采取哪些主导措施要根据具体情况而定。

二、动物传染病的综合防控措施

（一）畜禽养殖场的选址

畜禽养殖场的选址、布局以及畜禽舍的设计建设都要根据动物防疫的要求去建设和设计，需要符合《畜禽养殖业污染防治技术规范》（王智，2014）。养殖场要进行规划，不能建在村内、村边、路边，场与场、户与户之间必须有一定的距离，不能连片，从而减少互相传播的机会。养殖场的大门进出口必须设消毒槽（池），槽（池）内放石灰粉或苛性钠等消毒药物，冬季可加入盐防冻。采光、通风和污物污水排放要设施齐全，生产区清洁道和污染道分设。应设有患病家禽隔离圈舍和病死家禽、污物污水的处理设施、设备，有专职的无人兽共患病饲养、防疫、诊疗人员，健全防疫、消毒等制度。养殖场要坚持自繁、自育的原则，并实行“全进全出”的饲养制度（张黎等，

2009）。

养殖场要根据自己的生产规模建立种畜禽的繁育。养殖场饲养的畜禽需要实行“全进全出”，只有这样才能做到畜舍的彻底清扫、冲洗、消毒和空栏一定时间，确保圈舍环境卫生，保证下一批畜禽也有一个良好的卫生环境（刘芳，2012）。不同种类的畜禽不能混养，混养是导致各种动物疫病发生的主要原因。各种动物混养将导致畜禽共患病和群体病的发生。这是因为畜禽的种类不同对饲养环境的要求也不一样，对病原体的耐受程度也不一样，对疫苗的反应效果也不一样，这样就造成了病原体的长期存在，反复影响，使疫病得不到有效控制。

（二）饲养管理

规模化养殖场在建设之初需要定位好自己的市场价值，根据自己的实际情况和生产需要，有目的地选择畜禽养殖的品种，以获得最大的生产报酬。在养殖的过程中，养殖相关人员需要按照畜禽不同的生长发育阶段进行合理的搭配饲料，以满足畜禽的营养需要。保证饲料的质量，不喂发霉变质的饲料，测定畜禽的营养需要和饲料原料的营养价值，配制出不同生产阶段和不同生产日的畜禽饲料。按照理想蛋白质模式配制符合畜禽营养需要的低蛋白质平衡日粮，可以节省蛋白质饲料资源，降低饲料成本和减轻养殖业粪便的排放对环境的污染，减少畜禽传染病的发生（宋博等，2020）。饲料中添加粗纤维，使用酶制剂减少使用兽药饲料添加剂，利用动物、植物、微生物之间的相互依存关系和现代技术，实行无废物和无污染的生产模式，减少畜禽间传染病的传播。畜禽舍应该注意通风环保，保证新鲜空气的流通，冬天注意挡风取暖。定期驱虫，驱虫后应彻底清扫圈舍并全面消毒。养殖场四周栽植树木，场内种植草坪，既可降低夏季畜禽舍的温度，又美化了环境，还能减少畜禽间传染病的传播。

（三）加强疫情监测

畜禽的疫情监测是分析养殖水平的需要，是解决饲养环节存在问题的需要，也是控制疫情进一步发展的需要（徐卫民等，2016）。为了加强对疫情的监测，平时应对饲养管理和防疫管理中的问题进行记录，对有疾病的畜禽，要隔离观察，确诊病因，及时治疗。对死亡的畜禽也需确诊病因，并对其进行无害化处理（张黎等，2009）。对突发的重大动物疫情要按照《中华人民共和国动物防疫法》的规定及时向有关管理部门报告，尽快采取隔离封锁措施，扑杀患病动物，按要求彻底消毒，并对受威胁区动物紧急免疫接种，防控疫病的传播。

（四）制定严格动物防疫措施

规模养殖场要制定严格的防疫措施，规模养殖场的进出口要设立长 6 m、宽 3 m 的消毒池，一律不允许外来人员以及其他动物进入规模饲养场。饲养场的饲养人员进出饲养场要及时更换衣帽，进行严格消毒，防止带出或带入病原体。动物防疫工作贯穿于规模饲养场安全生产的全过程。完善动物防疫体系和良好的生产条件，有效控制动物的疫病，按程序进行免疫注射，采用有效方法进行疫病和药物残留的监控和检测，有效防止动物疫病的传播（金玉龙，2015）。定期对规模化饲养场的环境和畜禽舍进行消毒，消毒药物至少要有 3 ~ 5 种交替使用，防止病菌产生抗药性。对畜禽的粪便要及时清理，并把粪便做高温发酵处理，防止疾病的传播。规模养殖场要在通风口处增加窗纱，防止蚊虫进入，严禁在规模饲养场内解剖病死动物，防止一些传染病的蔓延。目前由于饲料中的抗生素禁用，需要在饲料中添加能够提高动物免疫能力的添加剂，目前抗生素的替代品主要有益生菌、中草药、植物精油等。骆雪等（2021）研究表明，饲料中添加复方中草药添加剂，能够有效增强仔猪机体免疫力及抗氧化能力，从而改善生长性能，提高养殖者经济效益。加强动物防疫工作对实现规模饲养场的安全生产尤其重要，《中华人民共和国动物防疫法》重点强调防检结合，防疫措施的结合需要检疫工作促进、把关，要重点结合产地检疫和市场督查，通过发证、查证、临床检查等手段，促进防疫工作的全面开展。

（五）定期进行免疫接种

定期对饲养的畜禽按照免疫程序进行免疫接种是控制畜禽传染病发生的有效手段（宋晓华，2019）。规模养殖场应根据当地动物疫病流行规律确定符合当地的免疫接种规程，确保疫苗免疫接种质量。免疫接种应有计划地进行，不可盲目实施。在选择接种疫苗时应充分考虑动物品种的特点、疫苗特性，并结合本地动物疫病的流行情况及本地的疾病流行情况，选择符合本场的接种免疫途径与免疫程序，免疫剂量也应与实际相符合（党启峰和李俊峰，2018）。在预防接种前，需要进行相关的准备，如疫苗和器械等，将时间和人员的分工进行确定，并且严格进行注射的程序，如采用皮下注射和肌内注射，以及喷雾或者口服方式，防止混淆。此外，为防止一些引进或输出的畜禽在运输中感染急性疾病，需要进行临时预防接种，还有一些家畜容易在外科手术中产生创伤，需要对它们进行消毒或者疫苗接种，防止破伤风产生，如果时间太急，可以使用免疫血清方式被动免疫（孔庆玉，2019）。

第六节　常见的疫病与防控

一、非洲猪瘟

非洲猪瘟（African swine fever，ASF）是猪感染非洲猪瘟病毒（*African swine fever virus*，ASFV）后导致的以急性出血性疾病为主要特征的烈性传染病，感染率及死亡率极高，ASFV 是目前已知的唯一的 1 个 DNA 虫媒病毒（Mulumba - Mfumu et al.，2019；Wang et al.，2020；胡焱等，2020）。该疾病最早于 1921 年出现在肯尼亚，随后传播至全球多个国家和地区（Chenais et al.，2019；Zhou et al.，2018）。家猪感染非洲猪瘟后表现为高致病性和出血性病症，感染高致病性毒株的家猪死亡率可至 100%，中致病性毒株可造成家猪 30% ~ 70%的死亡率（李永秀，2021）。ASF 于 2018 年在中国暴发，对中国养猪业造成了沉重打击（Zhou et al.，2018）。对于非洲猪瘟，目前尚无可行疫苗及治疗手段。因此，一旦出现疫情，隔离扑杀是防控疫情扩散最简单且强有力的手段，但同时也给我国养猪行业带来前所未有的打击。

（一）非洲猪瘟病毒

ASFV 是一种大型双链 DNA 病毒，具有 151 ~ 167 个开放阅读框，编码 170 多种蛋白质（杨博等，2021）。ASFV 颗粒主要由三部分组成，即核质体、核衣壳、囊膜，其中囊膜又分内外两层，平均直径为 200 nm，具有二十面体对称结构（Alejo et al.，2018）。ASFV 的不同分离株的基因组长度在 170 ~ 193 kb，基因组大小的差异主要与右侧可变区的多基因家族（MGF）的缺失和插入有关（Alonso et al.，2018；Salas et al.，2013）。该病毒粒子的环境抵抗力较强，在 pH 值 4 ~ 10 的条件下不会发生明显改变，血液中可存活半年之久，−70℃条件下在血液中存活时间可长达 18 个月，存于脾脏组织中的病毒粒子 2 年内感染力不会受到影响（Kalmar，2018；雷建林等，2020）。ASFV 对热敏感，60℃条件下 30 min 灭活，常规碱性或者酸性消毒液（0.8% 氢氧化钠、10% 苯酚溶液、0.3% 福尔马林、2.3% 次氯酸盐等）可以将其杀灭，但该病毒耐寒能力极强，-20℃条件下存活时间长达 10 年以上，在冷冻猪肉内可存活 15 年之久（Petrini et al.，2019；Wang et al.，2018）。

（二）非洲猪瘟的诊断

非洲猪瘟的诊断方法有四种，分别是流行病学、临床表现、剖检症状以及实验室诊断。

1. 流行病学诊断

猪是非洲猪瘟病毒的唯一宿主，家猪和野猪可感染此病毒，其他动物没有易感性。此病的传染源主要为病猪和带毒猪，它们的组织器官、分泌物、体液、排泄物中含有大量的病毒。病毒排出后会污染周围环境、用具、饲料、饮水、饲养人员的体表皮肤等，然后病毒可以通过呼吸道、消化道感染健康猪，引起疫病的流行。此外，软蜱是该种病毒的主要传播媒介，通过叮咬猪，传播病毒（唐婉婷等，2021）。

2. 临床表现诊断

自然感染非洲猪瘟后潜伏期长短不一，在 4 ~ 19 d 出现典型的症状。家猪极易感染非洲猪瘟，感染后很快出现典型症状。根据表现症状可以分为三种，为最急性、急性和亚急性感染。最急性型没有任何临床症状，突然倒地死亡；急性型体温升高到 42℃以上，食欲逐渐下降，心率加快，呼吸极度困难，有的患病猪还会出现咳嗽症状，鼻腔和眼睛中流出浆液性分泌物，还有的患病猪全身皮肤发绀出血，个别的病猪还会出现呕吐和腹泻；急性型的病程持续 1 周左右，死亡率高达 100%（图 8-2）。亚急性型的症状较急性型稍轻，病程持续时间稍长（唐婉婷等，2021）。

3. 剖检症状诊断

对病死猪剖检可以发现内脏器官有广泛性的出血和淋巴组织坏死，病变部位主要集中在脾脏、淋巴结、肾脏、心脏等组织器官（段会英，2020）。病死猪的腹水和心包积液；肾周水肿；局部充血性脾肿大伴随局灶性梗死；淋巴结出血、水肿和易碎（通常看起来像深红色血肿）；肾出血比急性型更为严重（瘀斑和淤血）（图 8-3）。

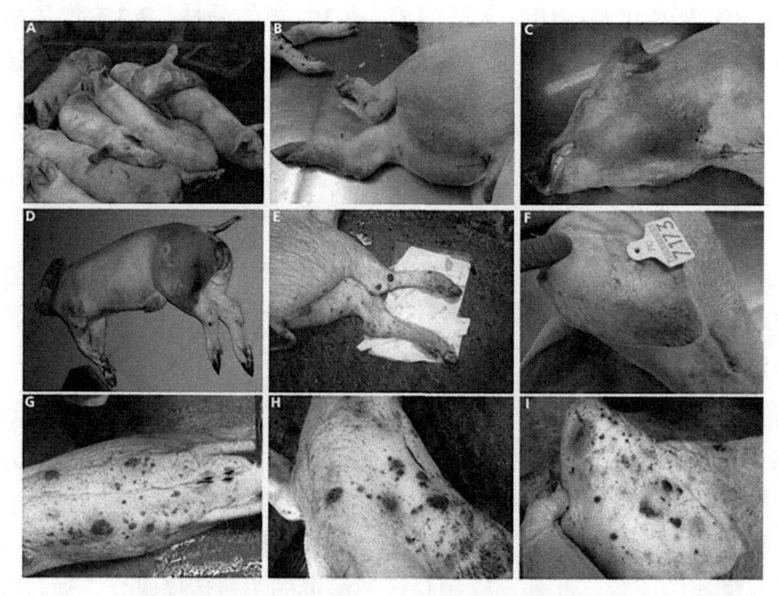

图 8-2　急性非洲猪瘟的临床表现（中国动物疫病预防控制中心，2018）

注：A 为虚弱并蜷缩；B 为后腿皮肤发红；C 为猪下颌发红；D 为臀部发红；E 为后肢出现出血点；F 为猪的耳朵发红；G 为猪的腹部皮肤发红；H 为眼和鼻出现分泌物；I 为耳朵出现红色出血点。

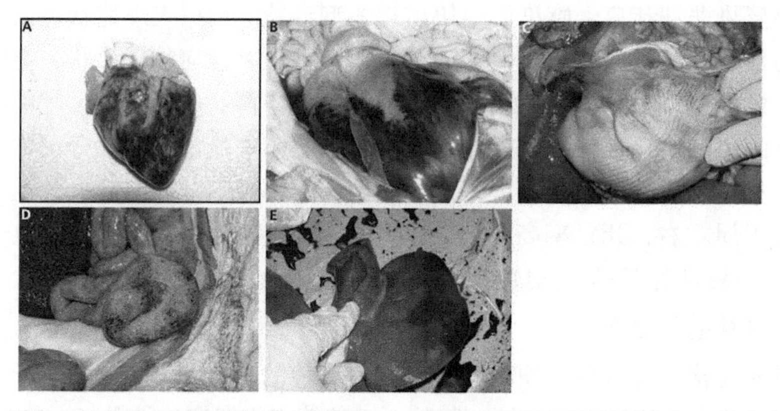

图 8-3　急性非洲猪瘟的出血性病变（中国动物疫病预防控制中心，2018）

注：A 为心脏；B 为膀胱；C 为胃；D 为肠；E 为其他浆膜表面，如肝脏。

4. 实验室诊断

非洲猪瘟的确诊通过需要进行实验室的诊断，常用的方法有病毒分离、动物接种、酶联免疫吸附试验、PCR 琼脂扩散试验、荧光定量 PCR、DNA 原位杂交、免疫组织化学检测等。目前广泛使用的方法是酶联免疫吸附试验，通常非洲猪瘟病毒进入猪体内后，7 d之内可产生较高水平的IgG抗体，这种诊断方法具有检测速度快、操作简便的特点。

（三）非洲猪瘟的防控

非洲猪瘟发生至今已有上百年的历史，对于疫苗的开发取得了一些进步，但到目前为止尚无良好的药物进行治疗及疫苗进行防治，因此需要加强对于非洲猪瘟的防控。

1. 完善联防联控工作机制

对于ASF，现在已感染了全国的各个省份，因此需要进一步完善联防联控机制，这也是高效实施非洲猪瘟防控计划的关键。政府部门领导，各级畜牧兽医部门、林草局野生动物保护部门要明确联防联控工作重点和责任，定期交流防控计划和工作进展，及时共享有效信息，确保信息交流渠道畅通无阻（唐婉婷等，2021）。

2. 加强消毒灭源管理，做好生物安全措施

养猪场、屠宰企业等要强化开展消毒灭源工作，加强生物安全保护措施，做好养殖场和从业人员的消毒工作，人员、运输车辆等进出养殖场要严格消毒，严禁外来人员进出养殖场。养殖场周围环境、圈舍、垫料、用具等要进行重点消毒（次氯酸、碱类及戊二醛等），这些消毒药要交替使用，以免病菌产生抗药性。

3. 组织养殖场积极参与防控工作

组织号召养殖者主动参与野猪非洲猪瘟防控工作，避免养殖场（户）经济损失，不但能调动养殖者主动参与疫情防控工作的积极性，还可以弥补基层畜牧兽医部门巡查力量薄弱的问题。各地畜牧兽医部门可作为联络单位，组织地域邻近或相连区域的养殖者成立野猪非洲猪瘟防疫协会，辅助兽医主管部门完成日常巡逻和监测任务，各养殖场之间互相配合，互相预警，相互监督，协同开展野猪非洲猪瘟防控工作，最终达到互利共赢的目的（邴睿等，2021）。

二、羊布鲁氏菌病

布鲁氏菌病（Brucellosis）又称作地中海弛张热、波状热、马耳他热，是由布鲁氏菌属（*Brucella*）的细菌引起的一种常见的自然疫源性人兽共患传染病，简称“布病”。该病起源于公元前1600年的埃及第5次瘟疫时期，1886

年 David Bruce 从驻守马耳他地区的一个死于马耳他热的英国士兵脾脏内分离到了病菌，后来将马耳他热命名为布鲁氏菌病（孙涛等，2014）。布鲁氏菌病在人、牛、羊、猪身上较为常见，许多家畜、家禽及野生动物对布鲁氏菌病也有不同程度上的感染（Schurig，2002）。人感染布鲁氏菌会出现波状热和慢性感染。此外，家畜感染之后，能够引起怀孕母畜的流产、死胎，公畜发生睾丸炎等，给人的健康和畜牧业的发展带来严重危害（张海霞等，2018）。

（一）布鲁氏菌

布鲁氏菌为革兰氏阴性小球杆菌，属于 α-变形菌纲、根瘤菌目，属胞内寄生菌。大小为（0.5 ~ 0.7）×（0.6 ~ 1.5）μm，无荚膜、无鞭毛、芽孢、不运动，但毒力较大的毒株有荚膜。该菌难以着色，柯之洛夫斯基染色为红色，而该菌通过吉姆萨染色呈现出紫色（吴雨航，2015；张海霞等，2018）。

根据布鲁氏菌病的培养特性、抗原特征、生化特性和噬菌体裂解特点以及主要宿主不同，布鲁氏菌包括了 9 个种 21 个生物型。分别是羊布鲁氏菌（*B. melitensis*）、牛布鲁氏菌（*B. abortus*）、猪布鲁氏菌（*B. suis*）、犬布鲁氏菌（*B. canis*）、鲸种布鲁氏菌（*B. ceti*）、鳍种布鲁氏菌（*B. pinnipedialis*）、沙林鼠种布鲁氏菌（*B. neotomae*）、田鼠种布鲁氏菌（*B. microti*）、绵羊附睾种布鲁氏菌（*B. ovis*）。在国内主要流行的是牛种、羊种和猪种布鲁氏菌（Corbel，1997；Verger et al.，1998）。临床上以羊、牛、猪三个种意义最大，其中羊种的致病力最强。

布鲁氏菌的细胞膜由三层构成，由内到外依次为细胞质膜、外周胞质膜和外膜。外膜与肽聚糖（PG）层紧密结合组成细胞壁，外膜含有脂多糖（LPS）、蛋白质和磷脂层（Ducrotoy et al.，2016；孙涛等，2014）。

（二）临床特征及剖检变化

布鲁氏菌病的潜伏期长短不一，短的可能是 2 周，长的可在半年甚至以上（刘兆春，2005；王根龙，2011）。最明显的临床症状的是怀孕母畜的流产以及公畜的睾丸炎。大多数母牛流产后会同时发生胎衣滞留或子宫内膜炎等症状，而羊和猪的流产则很少发生胎衣滞留现象，但它们易发生子宫内膜炎和关节炎等症状，严重的则可引起后躯麻痹（张海霞等，2018）。妊娠母羊流产后，会逐渐好转直至恢复正常，但会形成习惯性流产（孙晓燕等，2021）。人感染布鲁氏菌病的临床表现症状复杂且多样，没有什么特征性。潜伏期较短，一般为 1 ~ 4 周，平均是 2 周左右，初步症状与流感类似，主要表现为全身无力，大汗等，因此在早期该病易被误诊或忽略而使布鲁氏菌病转为慢性，后期还可能出现关节炎等症状，重者男性丧失劳动能力、女性流产或不孕。

剖检变化一般为母体子宫绒毛膜腥臭，有黄色坏死物或污灰色脓汁覆盖于表面，有的黏膜表面还可以看到小结节。胎衣呈黄色胶冻样的浸润，有些部位覆有干酪样物质和脓液，胎儿的真胃中有淡黄色或白色黏液状絮状物。公牛病变以化脓性、坏死性睾丸炎或附睾炎为主，主要表现为睾丸肿大，被膜与浆膜层粘连，切面有坏死灶；阴茎红肿，黏膜上可见小而硬的结节（孙晓燕等，2021）。

（三）布鲁氏菌病的诊断

临床症状有助于诊断，但实验室的诊断能够确诊。实验室的诊断方法包括病原学诊断、血清学诊断、变态反应法、酶联免疫吸附试验、多聚酶联反应等方法。

1. 病原学诊断

诊断过程有病料的采集和保存、病原菌的分离培养和分离培养物的鉴定等。细菌分离培养诊断布鲁氏菌病最基础的方法，同时也是诊断布鲁氏菌病的“金标准”（Islam et al.，2013）。诊断布鲁氏菌病最直接的证据是从血液、体液、骨髓、关节积液等检测出布鲁氏菌，但是细菌培养存在着敏感性低及生长缓慢等缺点，因此该方法不适合临床快速检测。细菌学操作复杂，首先要收集病料，制备特定及选择性培养基，然后进行接种培养，3 d 后才能鉴定结果，由于操作所需时间长，检测结果误差大，所以在布鲁氏菌病的检测中已逐渐被淘汰（师志海等，2011）。另外，细菌培养易造成实验室性感染，因为布鲁氏菌易通过浮尘传播，并且感染剂量很低（Wellinghausen et al.，2006）。

2. 血清学诊断

目前，我国常用的血清学检测方法有虎红平板凝集试验、试管凝集试验、缓冲平板凝集试验等方法。

虎红平板凝集反应最为简单实用。将虎红平板凝集试验抗原与待检血清各 0.03 mL 置于洁净的玻璃板上混合，4 min 内在阴性、阳性血清对照完全成立的条件下判定结果，出现肉眼可见凝集者判为阳性，不出现肉眼可见凝集者判为阴性。虎红平板凝集反应仅作为初筛，还需要进一步试管凝集试验或补体结合试验检测。试管凝集试验是布鲁氏菌病诊断中应用最广的一种试验，由于该试验有时出现前带及封闭现象，易出现假阳性，必要时应与其他方法结合使用。缓冲平板凝集试验是以布氏平板凝集和酸性抗原试验为基础发展起来的一种反应，它具有克服非特异性反应的特点，对小分子抗体较为敏感，操作简便，且反应迅速，由于该法受制备抗原时条件的影响较大，所以对每批制备的抗原应予以检查，标准化后方可使用。

3. 变态反应法

变态反应法试验操作简便易于掌握。但山羊的变态反应不如绵羊容易读取和判断结果，此种反应作为一种畜群试验方法可能有价值。通常采用变态反应法与补体结合试验诊断猪布鲁氏菌病。

4. 酶联免疫吸附试验

酶联免疫吸附试验是近年来研制出的一种新型快速检测技术，常用以下三种方法：一是间接法，多用于检测抗体，它的本质是抗球蛋白试验。二是双抗体夹心法，多用于检测大分子抗原。三是竞争法，多用于检测小分子抗原。

5. 多聚酶联反应

多聚酶联反应技术是一项体外酶促扩增 DNA 新技术，具有特异性强和敏感性高、操作简便、快速高效等特点，已广泛用于畜禽传染病、遗传病诊断和生物工程等方面。用 PCR 技术可以特异地检测到很少量的布鲁氏菌，用引物 P1、P2 对布鲁氏菌 R 型、S 型 DNA 进行扩增后，最低可检测到 1 pg 的布鲁氏菌 DNA（王胜昌等，2003）。

（四）布鲁氏菌病的防治

1. 布鲁氏菌病的紧急处理

如果养殖场出现疫情，养殖场应立即启动动物疫病预防计划，并向疾病预防控制中心等有关部门汇报，对周围 5 km^2 以内其他养殖场进行监测，患病动物要无条件全部扑杀，并做好严格的无害化处理。同时，对养殖场所有区域和设备进行全面消杀，每天消毒 2 次，持续 3 ～ 4 周。对接触过病畜的员工及其周边工作人员进行血清检测，最大限度地降低人畜感染大规模发生的风险。对其他未感染家畜紧急接种疫苗，确保健康畜群抗体水平达到国家标准。

2. 要加强畜群饲养管理

首先，要对布鲁氏菌病进行科学合理预防，树立正确的疫病防范意识。通过政府和企业以及养殖场积极有效的宣传，养殖户可以更全面深入地了解布鲁氏菌病的流行特点、临床症状和危害性，提高警惕性（翟贵巧，2021）。其次，相关从业人员必须要做好定期检查。养殖场内一旦发现病畜，应将其封闭隔离，并进行严格的无害化处理，以防病原体进一步传播。再次，养殖场要坚持自繁自养、规模养殖、封闭养殖的养殖管理模式。引种必须经过严格的检疫观察。通过一段时间观察和检疫，才能将引种家畜与当地畜群进行混养，并及时排查危险因素，一定要将病原体消灭在萌芽状态，避免布鲁氏菌病进一步扩散（孙晓燕等，2021）。

3. 免疫接种

对于本病应当本着“预防为主”的原则。免疫接种是预防该病最常用的方法，主要是在春秋季节给牛羊接种疫苗。布鲁氏菌病的疫苗有多种，包括弱毒活疫苗、牛种布鲁氏菌 S19 疫苗、羊种布鲁氏菌 REV-1 疫苗、猪种布鲁氏菌 S2 疫苗（丁家波等，2013）以及基因工程疫苗（任洪林等，2009）。

三、伪狂犬病

伪狂犬病（Pseudorabies，PR），也称奥耶斯基氏病（Aujeszky's disease，AD），是伪狂犬病病毒（*Pseudorabies virus*，PRV）感染引起的猪、牛、羊等多种家畜及狼、狐、貉等多种野生动物共患的、临床上以发热、奇痒（除猪外）和脑脊髓炎为主要特征的急性传染病（图 8-4）。猪（包括野猪）是 PRV 的自然储存宿主，为 PRV 的主要传播源，这也意味着如果能从猪群中控制并最终净化 PRV 则可以根除该疫病。目前，PR 呈全球性分布流行，尤其在南美、亚洲和欧洲等生猪养殖集中的地区广泛存在，仅挪威、芬兰、马耳他等国未见报道，全球养猪业因 PR 感染而带来的经济损失巨大（Müller et al.，2011；Sun et al.，2016；An et al.，2013）。因此，世界动物卫生组织将 PR 列为 B 类动物疫病，我国列为二类动物疫病。自 2018 年以来，陆续报道多例人感染 PRV 并发病的确诊病例，且这些病例均与猪有过直接接触或间接接触史，提示该病为一种被忽略的人兽共患病，该病已成为一个越来越受到全球关注的公共卫生问题（Tan et al.，2021）。

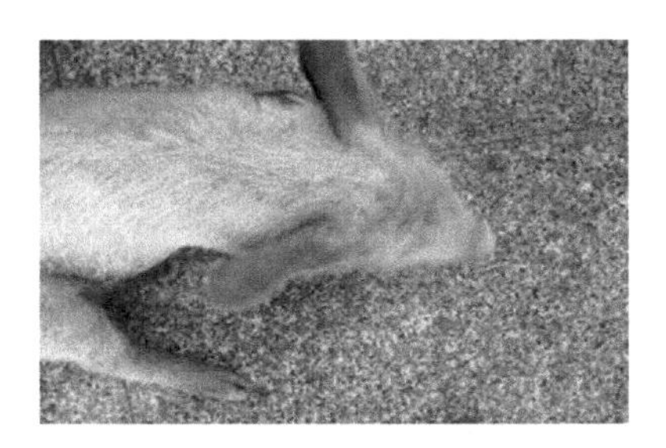

图 8-4 患伪狂犬病的猪

（一）伪狂犬病病毒

伪狂犬病病毒（*Pseudorabies virus*，PRV）是导致 PR 发生的病原，起初被称为奥耶斯基氏病病毒（*Aujeszky's Disease Virus*，ADV），在病毒分类学上被命名为猪疱疹病毒 1 型（Suid Herpesvirus 1，SuHV1），为疱疹病毒科、α 疱疹病毒亚科、水痘病毒属的成员之一（Mettenleiter，2000）。该病毒与水痘带状疱疹病毒（*Varicella-zoster Virus*，VZV）及单纯疱疹病毒 1 型和 2 型（HSVI 和 HSV2）密切相关（Laval et al.，2020；Steiner et al.，2007）。PRV 病毒粒子呈近似球形，病毒粒子直径大小为 150 ~ 180 nm，包含 4 种形态学上不同的结构，分别为包含大小约 143 kb 的线性双股 DNA 的核蛋白核心、衣壳、被膜和囊膜（图 8-5）。基因组被包裹在一个二十面体衣壳中，衣壳由 162 个壳粒和 150 个六邻体组成，围绕并保护基因组 DNA。基因组和衣壳一起形成核衣壳，核衣壳由被膜包裹，被膜是一种排列在核衣壳和囊膜之间的蛋白质基质。被膜蛋白在病毒入侵、组装和出芽等过程中起着重要作用（Smith，2017）。

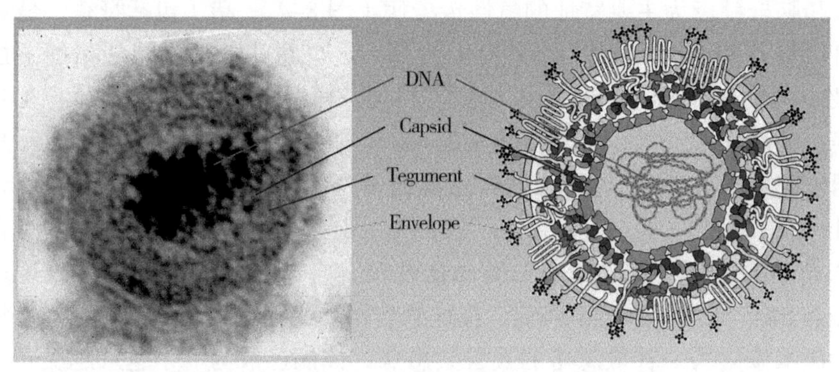

图 8-5　PRV 粒子结构及病毒主要蛋白构成（Pomeranz et al.，2005）

注：Capsid 为衣壳；Tegument 为被膜；Envelope 为囊膜。

（二）临床特征及剖检变化

妊娠母猪感染后主要出现繁殖障碍，常会出现流产，产出死胎、木乃伊胎或产弱仔的现象，同时还伴有发热现象（周文忠，2018）。仔猪常突然发病，其症状主要包括发热（达 41℃以上）、腹泻、呕吐、呼吸困难，并伴有神经症状。病猪发抖，不自主痉挛，共济失调，倒地不起，四肢呈划水样，做转圈运动，有的还呈现角弓反张。初生的仔猪常出现顽固性腹泻，致使机体严重脱水，病猪在短时间内衰竭死亡，死亡率接近 100%（邹敏等，2015）。育肥猪症状较温和，病猪可能会出现精神不振，轻微发热，有的还具有呼吸道症状，咳嗽、打喷嚏等（安永恒，2019）。部分成年猪在感染伪狂犬病毒后体温会有略微升高，同时伴有轻微的呼吸道症状，但很快这些症状便能够自行消失。耐过的猪呈隐性感染，可不断向外排毒。但因其无症状表现，而成为本病的重要传染源。

对病猪进行剖检，观察其病理变化可以发现，脑膜血管扩张，充血、水肿（图 8–6A），脑脊髓液少量增多。心脏充血水肿，心内膜出血（图 8–6B）。肺脏水肿，背面有肋骨压痕（图 8–6C），且表面可见少量白色坏死灶（图 8–6D）。肾脏表面可见针尖状出血点，切面湿润，肾盂出血、水肿（图 8–6E）。膀胱出血，且尿液中有絮状物（图 8–6F）。肠系膜淋巴结出血（图 8–6G）。

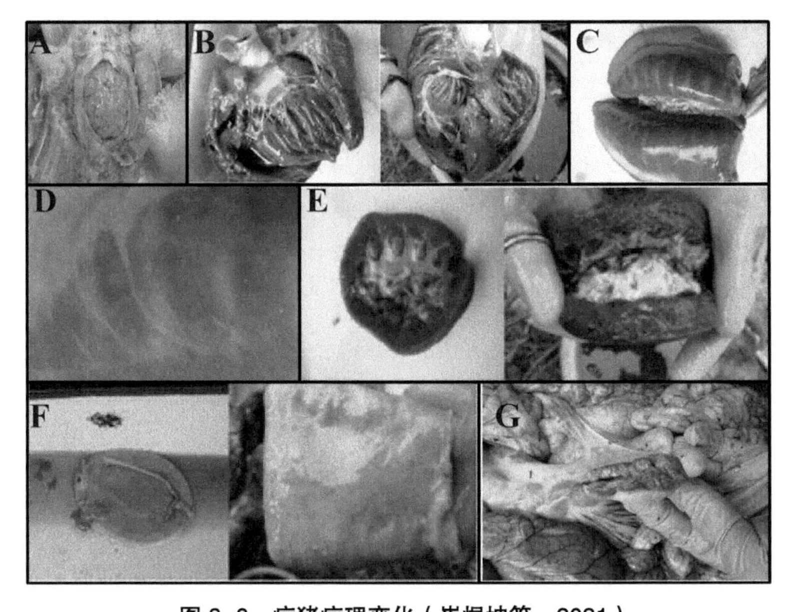

图 8–6 病猪病理变化（崔煜坤等，2021）

注：A 为脑充血、水肿；B 为心内膜充血；C 为肺脏肿大，背部有肋骨压痕；D 为肺表面存在少量白色坏死点；E 为肾盂出血、水肿；F 为膀胱出血；G 为肠系膜淋巴结出血。

（三）伪狂犬病的诊断

此病可以根据临床症状进行初步判断，但具体的可以进行实验室诊断。实验室的诊断方法可以参考羊布鲁氏菌病，在此不做赘述。

（四）伪狂犬病的防控

1. 加强饲养管理

伪狂犬病毒在空气中存活时间较长，通过空气进行传播并侵入机体呼吸系统导致发病，因此对畜舍环境进行定期消毒。另外，对于进出各个养殖场的工作人员以及器械用具等都必须做好消毒工作。老鼠极易传播伪狂犬病毒，其个体小，灵活性大，一旦感染伪狂犬病毒，随着其运动可迅速将病毒向四处传播开来。因此，应在养殖场定期采取灭鼠工作，防止因老鼠而造成的大规模感染。对疑似感染伪狂犬病毒的家畜或已经确诊的家畜采取及时隔离的方式，将它们与健康猪分开，对健康家畜进行紧急免疫接种，同时对畜舍进行彻底消毒，避免更多的家畜感染。如果有条件，可以对已感染的家畜同群的健康家畜进行检测，避免无症状家畜混入健康畜群，造成后续的感染。

2. 定期检测

对于养殖场，在引进家畜的时候应该进行血清普查，并淘汰伪狂犬病畜，在确保家畜均健康之后才可混入大群。对母猪进行检测，防止阳性妊娠母猪体内病毒经胎盘传给仔猪；防止哺乳仔猪饮用隐性感染母猪的乳汁后发生感染；防止成年猪因无症状而长期混于猪群中并不断排毒。

3. 免疫接种

目前来说，应用较多的疫苗包括弱毒苗、灭活苗、基因缺失疫苗三类。由于伪狂犬病毒存在的“占位规则”，因此弱毒苗在新生仔猪的免疫上有着天然的优势。另外，猪场在选取疫苗进行免疫时，应注意尽量选用一种疫苗，防止多种疫苗混合使用，引起病毒基因重组，形成超级毒株。

4. 药物治疗

本病目前还没有特效药物可进行治愈，大多通过接种疫苗辅以对症治疗的方式对病猪进行治疗，同时给予一些药物来提高猪的抗病力。病猪持续发热，高烧不退时，肌内注射安乃近、氨苄西林，每天 1 次，连续注射 3 ~ 5 d（杨应兵等，2020），来缓解病猪体温升高的状况；病猪出现严重气喘时，给予麻黄素进行平喘。饲料中添加扶正补气类中药，连续服用 15 d，或者在饮水中加入电解多维、黄芪多糖，都能够提高猪群的免疫力（杨金生等，2019）。

四、鸡传染性喉气管炎

鸡传染性喉气管炎（Infectious laryngotracheitis，ILT）是由疱疹病毒科、

α 疱疹病毒亚科、类传染性喉气管炎病毒群（ILTV–like viruses）中的传染性喉气管炎病毒（*Infectious laryngotracheitis virus*，ILTV）感染鸡后引起的一种具有高度接触性的急性上呼吸道传染病，其术名为禽疱疹病毒 I 型（*Gallid Herpesvirus* I）。发病特征为鸡感染该病毒后会出现呼吸困难、气喘、蜷缩、呆立、眼睑呈单侧流泪（图 8–7），上呼吸道（喉及气管）黏膜肿胀，严重者表现为糜烂、出血，并伴有血样渗出物咳出，该病呈 90%以上的发病率，死亡率差异较大在 10% ~ 40%范围变化，该病导致鸡的死亡及产蛋量下降，其对禽类养殖业危害影响重大，世界动物卫生组织将该病列为 B 类传染病。早在 1925 年，May 和 Tittster 首次报道洛岛地区发现该病，并根据发病特征，将其叫作“喉头–气管炎”；1999 年，ICTV 第七次报告更加详细地确认该病毒属于疱疹病毒科、α 亚科、类传染性喉气管炎病毒群，为了与马立克病病毒（*Marek's desease virus*，MDV）及火鸡疱疹病毒（*Herpesvirus of turkey*，HVT）两个禽类疱疹病毒区分，ILTV 单独存在一个属。我国于 20 世纪 60 年代于贵阳市首次发现该病，此后北方一些地区，如河南、河北、北京、陕西、辽宁、新疆等地，以及广州、江苏及浙江等地相继都有该病流行的案例（吴咪，2021）。该疫病成为继禽流感病、马立克病、新城疫、传染性支气管炎及传染性法氏囊病后对养禽业有重大危害的禽类传染病。该病还存在人禽共患的可能性，所以引起人们的广泛重视。

图 8–7 患喉支气管炎的鸡（沈前程等，2018）

（一）鸡传染性喉气管炎病毒

ILTV 病毒粒子呈球状，核心有 DNA 纤丝卷轴缠绕，纤维末端固定于衣壳下侧，衣壳直径在 85 ~ 105 nm，衣壳呈现正二十面体，由 162 个长形中空壳粒组成，每个角上有 5 个壳粒，共有 12 个五邻粒，150 个六邻粒，衣壳周围含有皮质，为一层无定形致密物质，皮质被膜包裹，膜上有短的纤突（冷福等，2008；王云峰等，2008）。完整的病毒粒子直径为 195 ～ 250 nm，根据大小又分为大囊膜颗粒（直径 180 nm 左右）及小囊膜颗粒（直径在 150 nm 左右），病毒粒子由外到内的结构分别为囊膜糖蛋白、囊膜、核衣壳及核心（Veits et al.，2003；Thiry et al.，2005）。

ILTV 浮密度为 1.706 g/mL，由于 ILTV 的包膜性质，它的传染性受到氯仿、乙醚等有机溶剂和 H_2O_2 等氧化剂的影响，不同 ILTV 对温度的敏感性差异很大。在呼吸道分泌物和鸡尸体中，病毒可在 13 ～ 23℃的温度范围内持续感染 10 d 至 3 个月；在 4℃的营养液或甘油肉汤等浓缩培养基中可存活数月；在 -80℃可存活 10 年之久。ILTV 对热敏感，在 55℃加热 15 min 或 38℃加热 48 h，ILTV 丧失传染性。ILTV 在 1 min 内很容易被 3% 甲酚、5% 苯酚或 1% 氢氧化钠等常用消毒剂破坏，但是有机物的存在会影响消毒剂的效率（Meulemans et al.，1978a，1978b）。

（二）鸡传染性喉气管炎病毒基因组结构及特征

ILTV 为双链 DNA 病毒，含线性双股 DNA 分子，其基因组长约 155 kb，GC 含量为 48%左右，由长独特区（Unique long，UL）及短独特区（Unique short，US）组成，短独特区两侧含有两个方向相反的重复序列，为内部重复序列（IR）和末端重复序列（TR），其基因组结构与水痘- 带状疱疹病毒（VZV）、伪狂犬病毒（PRV）及牛疱疹病毒Ⅰ型（BHV-1）等 α 疱疹病毒相同，但不同于单纯疱疹病毒（HSV）（Leib et al.，1987）。ILTV 基因组包含 80 个左右的开放阅读框（ORFs），其中 65 个 ORFs 位于 UL 区，9 个 ORFs 位于 US 区，6 个 ORF 位于 IR 区（McGeoch et al.，2000；Thureen et al.，2006；Lee et al.，2011）；在 80 个 ORFs 中，有 63 个在位置和结构上与单纯疱疹病毒Ⅰ型（HSV-Ⅰ）基因组同源。其中囊膜糖蛋白包含 gB、gC、gD、gE、gG、gH、gI、gJ、gK、gL 和 gM，对应基因为 *UL27*、*UL44*、*US6*、*US8*、*US4*、*UL22*、*US7*、*US5*、*UL53*、*UL1* 和 *UL10* 这些糖蛋白均含有高度保守的 ORFs 编码区。*UL47* 位于 US 区域内的 *US3* 和 *US4* 基因之间，而不是位于 UL 区；目前，对于 TK、gB、gC、gD 和 gX 研究较深，对它们功能了解较多，TK、gX 和 gC 是复制非必需蛋白，对构建基因缺失疫苗及活载体疫苗有关键作用；gB 是主要的抗原蛋白（图 8-8）。

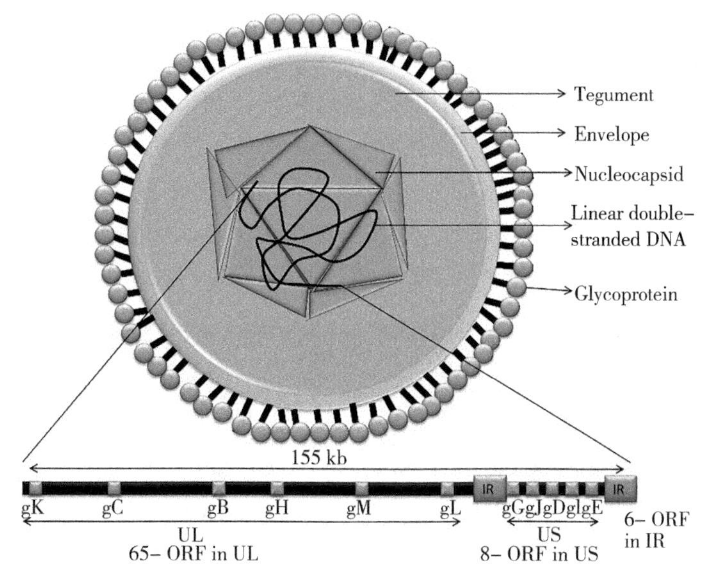

图 8-8 ILT 病毒的结构（Gowthaman et al.，2020）

注：Tegument 为被膜；Envelope 为囊膜；Nucleocapsid 为衣壳；Linear double-stranded DNA 为线性双链 DNA；Glycoprotein 为糖蛋白。

（三）临床特征及剖检变化

1. 临床症状

（1）急性型。成年鸡发生率较高，发病初期会有几只突然发生死亡，并快速蔓延至全群。病鸡主要表现出精神不振，鸡冠发绀，羽毛蓬松杂乱，食欲减退或者彻底废绝。初期有黏液性或者浆液性的泡沫状鼻液，流泪增多，接着出现特征性的呼吸道症状，呼吸时伴有湿性音，经常咳嗽，往往蹲伏在地，且每次吸气时都可见头颈部向上向前伸，张口喘气。症状严重时，病鸡明显呼吸困难、痉挛，咳嗽时会有带血黏液被咳出，并附着在喙角或者羽毛上；鸡喉头四周存在泡沫状液体，喉头出血，且血液或者纤维蛋白凝块会导致喉头被堵塞，如果无法及时咳出堵塞物则可能由于窒息而死（张莉，2021）。病程通常可持续 10 ~ 14 d，病鸡康复后依旧可能携带病毒。

（2）温和型。多见于 30 ~ 40 日龄的鸡，初期发生眼结膜炎，眼角存在泡沫性分泌物，流泪增多，经用爪抓眼，眼睛略微充血，眼睑发生肿胀和粘连，严重时会彻底失明。后期角膜变得混浊，出现溃疡，鼻腔存在分泌物。病鸡生长发育缓慢，有时伴有呼吸困难，病死率在 5% 左右（张莉，2021）。

2. 剖检变化

可见喉和气管内存在纤维素性干酪样物，当其从黏膜上脱落后，黏膜会快速充血，稍微变厚，并散布有点状或者斑状出血。以上病变通常出现在气管的上 1/3 部位。鼻腔和眶下窦黏膜可见黏膜肿胀、充血，并散在小点状出血。口腔黏膜，尤其是在口角、舌根以及咽喉处存在容易脱落的白色薄膜。有时只有一侧眼结膜出现水肿、充血，并有少量点状出血。有时眼睑尤其是下眼睑出现水肿，有时出现纤维素性结膜炎（图 8–9）。

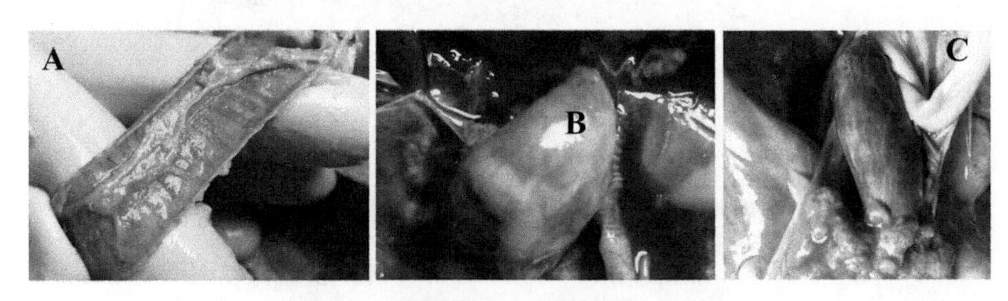

图 8–9 剖检症状（沈前程等，2018）

注：A 为喉头黏液增多、充血；B 为心冠脂肪有出血点；C 为胆囊充盈，肠道充血。

（四）诊断

本病由于与鸡新城疫、传染性鼻炎以及传染性支气管炎等一些呼吸道疾病的临床症状有些类似，因此要注意鉴别。可以通过临床症状以及剖检症状进行初步判断，然后再通过实验室技术进行确诊。

本病的初步判断一般对气管和肺组织进行吉姆萨染色，涂片，显微镜下可观察到上皮细胞内有染色的包涵体。但本病若要确诊还需进行病毒分离鉴定，将气管分泌物或肺组织研磨后稀释 5 ~ 10 倍，制成悬液，离心，取上清液作为检测的抗原，随后在上清液中加入双抗静置 30 min。30 min 后取 0.1 ~ 0.2 mL 接种于 9 ~ 12 日龄的鸡胚尿囊膜，孵育，若在鸡胚尿囊膜上观察到豆斑样坏死或出血点即可确诊该病（李婷，2017）。

（五）预防与治疗

1. 预防

（1）提供全价饲料。预防该病，提高鸡对该病的抵抗力，要及时给鸡群饲喂全价饲料，适量添加多种维生素，注意营养均衡（李婷，2017）。

（2）饲养管理。做好饲养管理工作，定期对鸡舍从内至外进行彻底消毒，搞好环境卫生。鸡舍内粪便及时清除，合理控制养殖密度，保持舍内空气流通，进行换气以防有害气体的蓄积。冬季不仅要保证鸡舍通风换气，还要注意防寒保暖。一旦发生疫情，病死鸡依据国家相关规定进行无害化处理，病愈鸡要隔离饲养（李婷，2017）。

（3）免疫接种。免疫接种可以有效地预防该病。一般首次免疫的时间为4周龄左右，6周后对鸡进行第二次免疫。一般采用鸡传染性喉气管炎弱毒疫苗，点眼或滴鼻。此外，有条件的鸡场可定期对鸡群进行抗体水平检测，及时进行补免（李婷，2017）。

2. 治疗

目前治疗本病无特效药，一般采用对症治疗。病鸡若出现呼吸困难，用镊子小心剥离气管的血痰，伤口处涂上硝酸甘油，同时用5万U的青链霉素滴口，可缓解局部炎症。另外，用氨茶碱饲喂可以扩张气管（李婷，2017）。

参考文献

安永恒，2019. 猪伪狂犬病的净化措施[J]. 畜牧兽医科技信息（1）：108.

邴睿，胡小东，冯小飞，等，2021. 浅谈当前我国野猪非洲猪瘟概况及防控对策[J]. 云南畜牧兽医（5）：33-35.

崔煜坤，李相安，李克鑫，等，2021. 猪伪狂犬病的流行病学、临床症状及防控措施[J]. 猪业科学，38（2）：101-104.

党启峰，李俊峰，2018. 规模化养殖场生物安全体系构建[J]. 畜禽业，29（1）：30-31.

翟贵巧，2021. 羊布鲁氏菌病的疫情处置与预防措施[J]. 科学种养（1）：48-49.

丁家波，冯忠武，2013. 动物布鲁氏菌病疫苗应用现状及研究进展[J]. 生命科学，25（1）：91-99.

丁文正，2015. 动物传染病的诊断和治疗[J]. 水禽世界（6）：45-47.

段会英，2020. 浅谈非洲猪瘟的诊断与防控对策[J]. 畜牧兽医科技信息（11）：21.

洪爱萍，2014. 秋冬季鸡呼吸道疾病防治[J]. 畜牧兽医科技信息（12）：89-90.

胡焱，徐春志，方英，等,2020. 非洲猪瘟病毒检测方法研究进展[J]. 贵州畜牧兽医,44(4)：54-58.

金玉龙，2015. 畜禽传染病的发生及防控措施[J]. 农业灾害研究（5），23-25.

孔庆玉，2019. 养殖场传染病防控措施[J]. 畜牧兽医科学（电子版）(15)：92-93.

雷建林，曹宏，杨丽霞，等，2020. 非洲猪瘟病毒的生物学特性与疫苗研制的难点[J]. 生物工程学报，36（1）：13-24.

冷福，郭永保，2008. 鸡传染性喉气管炎的症状及防治措施[J]. 养殖技术顾问（12）：114.

李凯年，2003. 加强动物疫病防制实行全程检疫监管是确保动物源性食品安全的关键[J].

中国动物检疫（4）：7–9.
李婷，2017. 鸡传染性喉气管炎的诊治 [J]. 今日畜牧兽医（3）：30.
李永秀，2021. 非洲猪瘟病毒 LAMP 比色法和实时荧光 PCR 法的建立与比较 [D]. 秦皇岛：河北科技师范学院 .
刘芳，2012. 我国动物疫病净化长效机制的研究 [D]. 呼和浩特：内蒙古农业大学 .
刘兆春，2005. 布鲁氏菌病的临床诊断与防制 [J]. 现代畜牧兽医（5）：31.
骆雪，俞伟辉，2021. 复方中草药添加剂对断奶仔猪生长性能、血清生化指标及免疫指标的影响 [J]. 饲料研究，44（18）：40–43.
马牧原，孙维功，刘艳玲，2020. 中国人群布鲁氏菌病流行病学史及临床表现的系统评价和 meta 分析 [J]. 实用预防医学，27（2）：1472–1478.
穆嘉明，毛晓伟，石雅琴，等，2021. 布鲁氏菌 S2 疫苗株特有基因 *trbJ* 的 LAMP 检测方法建立 [J]. 畜牧与兽医，53（11）：80–84.
任洪林，卢士英，周玉，等，2009. 布鲁氏菌病的研究与防控进展 [J]. 中国畜牧兽医，36（9）：139–143.
沈前程，粟永春，韦丽梅，等，2018. 规模化养殖场传染性喉气管炎诊断与防治 [J]. 中国畜牧兽医文摘，34（6）：395–396.
师志海，王文佳，兰亚莉，2011. 布鲁氏菌检测方法的研究进展 [J]. 黑龙江畜牧兽医（15）：44–46.
宋博，尹杰，郑昌炳，等，2020. 低蛋白质日粮在畜禽生产中的应用研究进展 [J]. 中国饲料（3）：8–15.
宋晓华，2019. 规模化生猪养殖场疫病防治措施 [J]. 畜牧兽医科学（电子版）（18）：26–27.
孙涛，赵宝，冉红志，等，2014. 布鲁氏菌病病原学研究进展 [J]. 家畜生态学报，35（1），85–87.
孙晓燕，刘向明，冷尚集，2021. 羊布鲁氏菌病发生原因及防治措施 [J]. 特种经济动植物，24（11）：33–34.
唐婉婷，黄辉婧，谷云霞，2021. 非洲猪瘟的诊断与防控 [J]. 今日畜牧兽医，37（10）：29.
王根龙，2011. 动物布鲁氏菌病临床症状及防控措施 [J]. 现代农业科技（7）：354.
王胜昌，邵伟娟，谢建云，等，2003. 布鲁氏菌 PCR 检测方法的建立 [J]. 上海实验动物科学，23（3）：154–156.
王伟，李孟红，2021. 动物传染病综合防控措施的探讨 [J]. 中国动物保健，23（6）：3，27.
王晓洁，2021. 畜禽传染病诊断与防控 [J]. 畜牧兽医科学（电子版）（13）：180–181.
王云峰，石星明，王玫，等，2008. 鸡传染性喉气管炎研究进展 [J]. 兽医导刊（11）：26–29.
王智，2014. 规模化畜禽养殖项目环境影响评价技术体系构建及应用 [D]. 沈阳：辽宁大学 .
吴咪，2021. 鸡传染性喉气管炎病毒流行株生物学特征及影响其复制相关宿主蛋白作用机制的研究 [D]. 呼和浩特：内蒙古农业大学 .

吴雨航，2015. 布鲁氏菌病间接 ELISA 方法的建立及吉林省梅花鹿主要养殖地区鹿布病血清学调查 [D]. 长春：吉林农业大学 .

徐卫民，朱素娟，施旭光，等，2016. 浙江省布鲁氏菌病疫情分析与防制对策研究 [J]. 浙江预防医学，28（6）：578–582.

杨博，申超超，张婷，等，2021. 非洲猪瘟病毒 MGF360–9L 蛋白多克隆抗体的制备及其对病毒复制的影响 [J]. 中国兽医科学，51（2）：135–143.

杨金生，韩福成，宫江，等，2019. 猪伪狂犬病的诊断与防控措施 [J]. 科学种养（11）：52–53.

杨应兵，翟国莲，2020. 兽医治疗猪伪狂犬病的体会 [J]. 中国动物保健，22（2）：31.

张海霞，孙晓梅，魏凯，等，2018. 布鲁氏菌病的研究进展 [J]. 山东农业大学学报（自然科学版），49（3）：402–407.

张红雁，2007. 甘肃省动物疫病预防控制体系建设研究 [D]. 兰州：兰州大学 .

张虎，2014. 我国禽畜传染病的发生及存在问题和改善措施 [J]. 畜牧与饲料科学，35（3）：90–91.

张黎，耿明峰，赵恩全，等，2009. 预防畜禽养殖场的传染病的措施 [J]. 山东畜牧兽医，30（12）：61–62.

张莉，2021. 鸡传染性喉气管炎的流行病学、临床症状、诊断及防控措施 [J]. 现代畜牧科技（3）：123–124.

张小娟，2021. 刍议动物传染病的诊断和治疗 [J]. 畜牧兽医科技信息（1）：55.

张秀青，2019. 当前我国应对非洲猪瘟疫情影响的难点、原因及政策建议 [J]. 中国物价（6）：78–80.

中国动物疫病预防控制中心，2018. 非洲猪瘟临床表现和剖检病变 [J]. 中国畜牧业（22）：70–71.

周朝相，2016. 分析动物传染病的诊断和治疗 [J]. 甘肃畜牧兽医，46（24）：37–39.

周文忠，2018. 猪伪狂犬病的防治 [J]. 畜牧兽医科技信息（12）：106.

邹敏，杨旭兵，郑辉，等，2015. 2012—2013 年我国部分地区猪伪狂犬病流行病学调查 [J]. 中国动物检疫，32（4）：1–5.

ALEJO A，MATAMOROS T，GUERRA M，et al.，2018. A proteomic atlas of the African swine fever virus particle[J]. Journal of Virology，92（23）：e01293–18.

ALONSO C，BORCA M，DIXON L，et al.，2018. ICTV virus taxonomy profile：Asfarviridae[J]. Journal of General Virology，99（5）：613–614.

AN T Q，PENG J M，TIAN Z J，et al.，2013. Pseudorabies virus variant in Bartha–K61–vaccinated pigs，China，2012[J]. Emerging Infectious Diseases，19（11）：1749.

CHENAIS E，DEPNER K，GUBERTI V，et al.，2019. Epidemiological considerations on African swine fever in Europe 2014–2018[J]. Porcine Health Management，5（1）：1–10.

CORBEL M J, 1997. Brucellosis：an overview[J]. Emerging Infectious Diseases，3（2）：213.

DUCROTOY M J, CONDE-ÁLVAREZ R, BLASCO J M, et al., 2016. A review of the basis of the immunological diagnosis of ruminant brucellosis[J]. Veterinary Immunology and Immunopathology, 171: 81–102.

GOWTHAMAN V, KUMAR S, KOUL M, et al., 2020. Infectious laryngotracheitis: Etiology, epidemiology, pathobiology, and advances in diagnosis and control–a comprehensive review[J]. Veterinary Quarterly, 40 (1): 140–161.

ISLAM M A, KHATUN M M, WERRE S R, et al., 2013. A review of Brucella seroprevalence among humans and animals in Bangladesh with special emphasis on epidemiology, risk factors and control opportunities[J]. Veterinary Microbiology, 166 (3–4): 317–326.

KALMAR I D, CAY A B, TIGNON M, 2018. Sensitivity of African swine fever virus (ASFV) to heat, alkalinity and peroxide treatment in presence or absence of porcine plasma[J]. Veterinary Microbiology, 219: 144–149.

KHAN M Z, ZAHOOR M, 2018. An overview of brucellosis in cattle and humans, and its serological and molecular diagnosis in control strategies[J]. Tropical Medicine and Infectious Disease, 3 (2): 65.

LAVAL K, ENQUIST L W, 2020. The neuropathic itch caused by pseudorabies virus[J]. Pathogens, 9 (4): 254.

LEE S W, MARKHAM P F, MARKHAM J F, et al., 2011. First complete genome sequence of infectious laryngotracheitis virus[J]. BMC Genomics, 12 (1): 1–6.

LEIB D A, BRADBURY J M, HART C A, et al., 1987. Genome isomerism in two alphaherpesviruses: herpesvirus saimiri–1 (herpesvirus tamarinus) and avian infectious laryngotracheitis virus[J]. Archives of Virology, 93 (3): 287–294.

MCGEOCH D J, DOLAN A, RALPH A C, 2000. Toward a comprehensive phylogeny for mammalian and avian herpesviruses[J]. Journal of Virology, 74 (22): 10401–10406.

METTENLEITER T C, 2000. Aujeszky's disease (pseudorabies) virus: the virus and molecular pathogenesis–state of the art, June 1999[J]. Veterinary Research, 31 (1): 99–115.

MEULEMANS G, HALEN P, 1978a. A comparison of three methods of diagnosis of infectious laryngotracheitis[J]. Avian Pathology, 7 (3): 433–436.

Meulemans G, Halen P, 1978b. Some physico - chemical and biological properties of a Belgian strain (u76/1035) of infectious laryngotracheitis virus[J]. Avian Pathology, 7 (2): 311–315.

MÜLLER T, HAHN E C, TOTTEWITZ F, et al., 2011. Pseudorabies virus in wild swine: a global perspective[J]. Archives of Virology, 156 (10): 1691–1705.

MULUMBA–MFUMU L K, SAEGERMAN C, DIXON L K, et al., 2019.African swine fever: update on Eastern, Central and Southern Africa[J]. Transboundary and Emerging Diseases, 66 (4): 1462–1480.

PETRINI S，FELIZIANI F，CASCIARI C，et al.，2019. Survival of African swine fever virus（ASFV）in various traditional Italian dry-cured meat products[J]. Preventive Veterinary Medicine，162：126–130.

POMERANZ L E，REYNOLDS A E，HENGARTNER C J，2005. Molecular biology of pseudorabies virus：impact on neurovirology and veterinary medicine[J]. Microbiology and Molecular Biology Reviews，69（3）：462–500.

SALAS M L，ANDRÉS G，2013. African swine fever virus morphogenesis[J]. Virus Research，173（1）：29–41.

SCHURIG G G，SRIRANGANATHAN N，CORBEL M J，2002. Brucellosis vaccines：past，present and future[J]. Veterinary Microbiology，90（1–4）：479–496.

SMITH G A，2017. Assembly and Egress of an Alphaherpesvirus Clockwork[J]. Advances in Anatomy，Embryology and Cell Biology，223：171–193.

STEINER I，KENNEDY P G E，PACHNER A R，2007. The neurotropic herpes viruses：herpes simplex and varicella-zoster[J]. The Lancet Neurology，6（11）：1015–1028.

SUN Y，LUO Y，WANG C H，et al.，2016. Control of swine pseudorabies in China：opportunities and limitations[J]. Veterinary Microbiology，183：119–124.

TAN L，YAO J，YANG Y，et al.，2021. Current status and challenge of pseudorabies virus infection in China[J]. Virologica Sinica，36（4）：588–607.

THIRY E，MEURENS F，MUYLKENS B，et al.，2005. Recombination in alphaherpesviruses[J]. Reviews in Medical Virology，15（2）：89–103.

THUREEN D R，KEELER C L，2006. Psittacid herpesvirus 1 and infectious laryngotracheitis virus：Comparative genome sequence analysis of two avian alphaherpesviruses[J].Journal of Virology，80（16），7863–7872.

VEITS J，B KÖLLNER，TEIFKE J P，et al.，2003. Isolation and characterization of monoclonal antibodies against structural proteins of infectious laryngotracheitis virus[J]. Avian Diseases，47：330–342.

VERGER J M，GRAYON M，TIBOR A，et al.，1998. Differentiation of *Brucella melitensis*，*B. ovis* and *B. suis* biovar 2 strains by use of membrane protein-or cytoplasmic protein-specific gene probes[J]. Research in Microbiology，149（7）：509–517.

WANG T，SUN Y，HUANG S，et al.，2020. Multifaceted immune responses to African swine fever virus：Implications for vaccine development[J]. Veterinary Microbiology，249：108832.

TAO W，YUAN S，LUO Y，et al.，2018. Prevention，control and vaccine development of African swine fever：challenges and countermeasures[J]. Chinese Journal of Biotechnology，34（12）：1931–1942.

WELLINGHAUSEN N，NOCKLER K，SIGGE A，et al.，2006. Rapid Detection of

Brucella spp. in Blood Cultures by Fluorescence In Situ Hybridization[J]. Journal of Clinical Microbiology，44（5）：1828–1830.

ZHOU X，LI N，LUO Y，et al.，2018. Emergence of African swine fever in China，2018[J]. Transboundary and Emerging Diseases，65（6）：1482–1484.